首都近郊の村で木に登り遊ぶ子供たち（ソロモン諸島
ホニアラ市近郊、土谷ちひろ撮影）

双発機内からみたラグーン（サンゴ礁
湖）（ソロモン諸島ウェスタン州マロ
ヴォ、古澤拓郎撮影）

潮汐を活かした伝統的な手法による漁撈（ソロモン諸
島ウェスタン州ロヴィアナ、古澤拓郎撮影）

海水の侵入により地表の草や耐潮性のない樹木が枯
死した様子（ソロモン諸島ウェスタン州ロヴィアナ、
古澤拓郎撮影）

島内部での浸水被害（ツバル・フナフチ環礁、
石森大知撮影）

津波により集落が壊滅した直後に森の素材と支援物資で作った新集落の様子（ソロモン諸島ウェスタン州シンボ島、古澤拓郎撮影）

石を積み浸水・浸食を防ごうとする様子（ソロモン諸島チョイスル州タロ、古澤拓郎撮影）

熱帯低気圧で海水が侵入したため育たなくなった箇所があるというスワンプタロの耕作地（パラオ・カヤンゲル州、古澤拓郎撮影）

首都と地方町を結ぶ貨客船（ソロモン諸島ウェスタン
州ギゾ、古澤拓郎撮影）

発展する首都に中国の援助で建設された競技場（ソロ
モン諸島ホニアラ市、石森大知撮影）

首都近郊の川で洗濯をする女性（ソロ
モン諸島ホニアラ市近郊、土谷ちひろ
撮影）

オセアニアの気候変動と適応策
地球から地域へ

目次

装丁＝オーバードライブ・前田幸江

はじめに

古澤拓郎

1. きっかけ

オセアニアの小さな島々が地球温暖化による海面上昇により水没危機にある、というのはかなり前から言われていたことであるが、私がそれに関する研究に取り組もうと考えたのは 2014 年のことであった。この年、ソロモン諸島タロ島の全住民が移住する計画ができたことが、日本でも報道された[1]。海面上昇が原因による、全島民移住計画が実施されるのは、初めてという説明もあった。

しかし、それまですでに 13 年にわたりソロモン諸島の別の島を調査していた私からすると、少々唐突な印象であった。私の調査地では、海面上昇を実感することはなかったからである。報道のあった翌年、私はタロ島に行き実際の海岸の状態を調べつつ、地元の人々や、海外の研究者と話をした。たしかに海岸が侵食されて大きくえぐられた場所があったり、内陸まで海水が浸水した跡があったりして、私のそれまでの調査地に比べると「海面上昇を実感」できる状況にあった。地元の人々の中には、津波や熱帯低気圧（サイクロン）による高潮への恐怖、あるいは将来への不安を語る人も多くいた。

その一方で、浸食・浸水のあった場所はまだ島のごく一部であり、本当に全島移転する必要があるのかは、私には判断がつかなかった。聞き取りによると、海面上昇が顕在化する以前より、この島は人口が稠密していて、より広い土地に移りたいという議論はあり、何かの「きっかけ」を使って全島民移住をしようとしてきたこともわかってきた。

実は、オセアニアにおける海岸浸食や浸水はかならずしも海面上昇によるのではなく、人間が海岸部を開発したことによる部分が大きいという研究もある。また、小さな島が水没危機にあるというのは、一部のメディアが作り上げたイ

---

1 例として、朝日新聞 2014 年 8 月 19 日「南太平洋タロ島、住民まるごと移住へ：水没危機を回避」や、日本経済新聞 2014 年 8 月 25 日「水没危機で全住民が移住へ　ソロモン諸島のタロ島」が挙げられる。

メージであり、島の人々もそれを利用して有利な移転計画を立てようとしているという話もある。タロ島の場合はどうであろうか。

　それでも、もし実際に海面上昇が進んでいるのであれば、人々は何らかの対策を取らなければならない。この事態を、私はどう解釈すれば良いのであろうか。

2.　気候変動をめぐる意見の対立

　オセアニアの島々が水没危機にあって世界がそれに対して何かをするべきだという意見がある一方で、水没危機へ懐疑的な意見もある。

　これは、気候変動そのものをめぐる、分断にも通じるものがある。環境活動家として世界の若者に影響を与えるグレタ・トゥーンベリは、2019 年の国連総会で、「パリ協定」から離脱した当時のアメリカ大統領ドナルド・トランプに「科学に耳を傾ける」ように警告するメッセージを出したが、トランプは温暖化を「でっちあげ」だと主張していた。

　温暖化が地球規模の問題として認識されるようになったのは 1970 年代に端を発する。この時にはまだ温暖化について科学者が合意したことはなく、逆に地球寒冷化も議論の対象になっていた。1979 年の第 1 回世界気象会議後に設置された世界気象計画を機に、世界気象機関（WMO）と国連環境計画（UNEP）は気候と気候変動に係わる研究を推進する決意を表明した。そして 1988 年に、気候変動に関する政府間パネル（IPCC）が設立された。IPCC は世界中の専門家が地球温暖化についての科学的研究を収集・整理・評価して科学的知見を提供する、政府間組織である。

　また 1988 年にアメリカ航空宇宙局（NASA）ゴダード宇宙研究所のジェームズ・ハンセン博士が、上院議会で証言したことも、地球温暖化についての国際的議論が進む契機となった。1992 年には、「国連地球サミット（環境と開発に関する国際連合会議）」において、気候変動枠組条約が締結された。上記の IPCC が学術組織であるのにたいして、気候変動枠組条約の締約国会議（COP）は政治会議である。

　さまざまな科学的研究の進展と IPCC の報告書により、地球温暖化は人類が排出した二酸化炭素やメタンなどの温室効果ガスが原因であることが、おおむね科学者の合意するところ（コンセンサス）になった。そして 1997 年の第 3 回気候変動枠組条約締約国会議（COP3）で、各国政府代表によって採択された「京都議定書」は温室効果ガスである二酸化炭素などについて、国別に 1990 年を基準にした削減目標を課した。

　温室効果ガスの削減としてできることは、発電・工場や化石燃料自動車からの排出を減らすということだけではない。二酸化炭素を吸収する森林を、植林などによって増加させた場合は、その分を温室効果ガス排出量削減に算入することができる。また先進国が途上国に技術や資金等を支援することにより、温室効果ガス排出量を削減したり、ガス吸収量を増加させたりもできる（クリーン開発メカニズム：CDM）。国同士の排出量取引、市場原理に基づいた炭素クレジット取引（REDD+ など）という形で、温室効果ガス削減は世界経済にも組み込まれつつある。

　このように気候変動は世界を動かしてきたが、排出量を減らすために先進国や企業は活動に制約を課されることになり、一部では気候変動への反発があるのである。

3.　本書の目的と構成

　このブックレットは、オセアニアの小さな島々において、気候変動が地域社会にどのような影響を及ぼすかを明らかにし、人々がそれにどう対処できるかを考えるためのものである。まず IPCC や気候変動枠組条約の情報を参考にしながら、科学的に明らかになった事実や地域の調査結果をまとめる。それから気候変動の影響と地域社会が取る適応策が将来どのような結果をもたらす可能性があるかを探る。そして、地球温暖化や海面上昇に関心を持つ日本の読者が、オセアニアの状況についての理解を深め、地球と地域の将来を考えるための基礎資料となることを目指す。新型コロナウィルス禍による渡航制限期間が終わり、2023 年に久しぶりにソロモン諸島を訪れた私は、自分の調査地で海岸浸食と集落への浸水が進んだ状況を目の当たりにし、驚き、ショックを受けた。私が尊敬する、オセアニア各地の友人たちの将来を考えながら、本書を編集した。

第1章　IPCC第6次評価報告書からみた
オセアニアの気候変動

古澤拓郎　デイビット・メイソン　飯田晶子

1.　オセアニアの気候変動

　2020年の国際連合総会に向けた録画演説において、ミクロネシア連邦共和国のデヴィッド・パヌエロ大統領は「気候変動は、それだけで私たちの安全にとって最大の脅威です。海水の上昇は、人里離れた環礁での生活を不可能にする恐れがあります。上昇した気温は、農作物、家畜、魚類を脅かします。世界は、持続可能で再生可能エネルギーに移行しなければなりません」と訴えた（UN News 2020年9月20日記事）。このようにオセアニア島嶼国は、気候変動によって自国が深刻な危機にさらされていることを訴えつつ、気候変動の解決のために世界が行動するべきであることを指摘してきた。

　オセアニアとは、世界を六大州にわけたときアジア、ヨーロッパ、アフリカ、北アメリカ、南アメリカとならぶ一区分であり、大洋州とも呼ばれる。太平洋にある国・地域のほとんどのことを指し、大陸であるオーストラリアの他、島嶼国であるキリバス、クック諸島、サモア、ソロモン諸島、ツバル、トンガ、ナウル、ニウエ、ニュージーランド、ヴァヌアツ、パプアニューギニア、パラオ、フィジー、マーシャル、ミクロネシア連邦という独立国や自由連合と、フランス領であるタヒチ、ニューカレドニアや、アメリカ領サモア、グアム等の保護領、チリ領のイースター島等を含む（図1）[2]。

　島嶼国・地域は、温室効果ガスの排出量が世界で最も小さいにも関わらず、気候変動によって個人が受ける被害が最も大きくなるとされている。実際、陸地面積や人口が小さいことに加え、工業化が進んでおらず、いまでも自給的な

2　オセアニアの地理は、西部のパプアニューギニアやソロモン諸島を含むメラネシア、東部のポリネシア、北西部から中央部にかけてのミクロネシアに大別されてきた。「遠隔ポリネシア人」と呼ばれ、地理的にはメラネシアに属する環礁島に、先史時代から暮らすポリネシア人もいる。

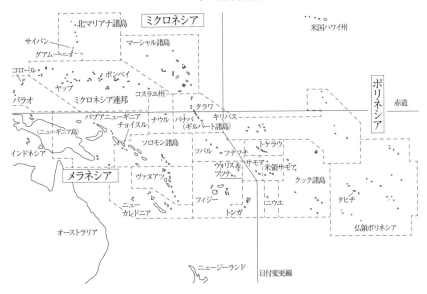

図1　オセアニアの国・地域

農耕を営む人々も多いため、国としても個人としても、温室効果ガスの排出が少ない。同時に、財政面や技術面の問題で工学技術的な防災インフラが未整備な面があり、気象災害に対して脆弱である。

　オセアニアでは海面上昇によって島が水没する危機にあるという指摘がある。これはただちに国ごと水没する訳ではなく、居住地への浸水や、農地への海水塩害などの事を指す。島によっては海抜 2m 程度という国もあり、海面が 30cm 上昇するだけで国土の 50 ～ 80% が水没するとされる例もある。そうなると海面上昇によって国家存続の危機にさらされる可能性もでてくる。

　しかし、水没危機にあるとされるツバルについての研究によれば、あたかも南の楽園が先進国の発展によって「悲劇の犠牲者」になったかのようにマスメディアに取り上げられたが、それは実像や実態を正確に反映したものではないという指摘もある [Farbotko 2005]。ツバルの環礁がどう変化したかを、過去から現在までの人工衛星画像を解析した結果、海面上昇が顕在化して以降に陸地が減った島もあるが、逆に陸地が増えたところもあり、全体としては陸地面積が増加したとする研究すらある [Kench et al. 2018]。また、ツバルを理工学だけでなく文化人類学などの観点もいれて調査した東京大学のチームは、ツバルの集落

浸水や畑の塩害は気候変動によるとは限らず、開発等の人為的影響によるものも大きいという結果をだした [Yamano et al. 2007]。

いま海面上昇を含む気候変動の影響を受ける地域においては、地域社会がその影響を乗り越えていくための対策が取られはじめている。そういう対策は、将来起こる影響を予測してあらかじめ対策しておくことも含む。しかし、将来影響を正確に予測することは難しい。また、予算が限られていたり、必要な技術がなかったりして、効果的な対策ができないということがある。もし対策ができても、それが地域の歴史や伝統にそぐわないものであり、対策を取ることが地域社会に悪影響をもたらす可能性もあり得る。

このブックレットは、このように地球規模で起こり国際的に議論をされている気候変動問題と、その「犠牲者」とされてきたオセアニア小島嶼で実際に起こっている問題の実態を明らかにしていきたい。まず本章は、国際的な気候変動問題について、オセアニア小島嶼の視点にたって解説する。

2. 気候変動とは

地球温暖化の予測

気候変動を取り巻く政策的、社会的状況は常に変化しているが、気候変動についての科学的理解も学術の発展に伴って刻々と変化してきた。気候変動に関する政府間パネル（IPCC）の評価報告書（AR）は 6 〜 7 年おきに発行され、地球温暖化とその対策に関する、世界最大で最も包括的な研究成果である。2021 年〜 2023 年にかけて出版された最新の報告書は第 6 次評価報告書（略称 AR6）であり、66 カ国から 200 名以上の専門家が、1 万 4000 本以上の論文を引用し、3 回にわたる査読で 7 万 8000 ものコメントに対応したものとして公表されている。まずはこの AR6 に基づいて、気候変動と適応策について、基本的な用語を確認していこう。

AR は部会に分かれており、AR6 は第一作業部会の報告『気候変動：自然科学的根拠』、第二作業部会の報告『気候変動：影響・適応・脆弱性』、第三作業部会の報告『気候変動：気候変動の緩和』で構成されている。

まず気候変動（climate change）とは、文字通り気候の状態の変化を指す。それがどういう状態からの変化を指すのかというと、大きく 2 種類の変化があり、平均気温のような「平均値」からの変化と、毎年繰り返される季節のような「いつも繰り返される変動」からの変化がある [IPCC 2021]。英語の change は日本語

で「変化」と訳されることが多いが、ここでは「変動」の訳が用いられる。「変化」が広い意味で用いられるのに対して、「変動」は量で測られうる変化に対してしばしば用いられるためである。

　気候変動は、自然の現象が直接の原因であるものや、太陽周期のように自然の現象が促進（駆動）したものもあるが、それらに加えて人間が引き起こした「人為的」な変化もある。国連気候変動枠組条約（UNFCCC）は、同条約における気候変動とは、人為的なものを指すと明記している。ここで、自然の気候変動は、地球に人類が誕生する前から繰り返されてきたのであり、人類が誕生して以降も、氷期のような寒冷の時代が数千年～数万年と続いたり、その後温暖な時代がきたりした。たとえば日本の縄文時代（完新世の気候最温暖期）は現在よりも気温が高く、今の陸地の多くが、海面下にあったことはよく知られている（縄文海進）。いうまでもなく縄文時代に、人間が大量の温室効果ガスを排出していたわけではない。

　しかし、人間活動が現在の地球規模の気候変動を引き起こしてきたことについては、科学的知見が蓄積されるにしたがって不確実性が小さくなってきた。気候変動の研究においては、変化の検出（detection）とともに、その要因分析（attribution）をする D&A の分析が行われ、要因が自然現象であるか人間活動であるかが推定される。ここでは実測値に基づく歴史実験や最適指紋法、シミュレーションなどが行われている［日本気象学会地球環境問題委員会 2018］。

　その結果、人間活動が気候変動を引き起こしたことについて、2001 年に IPCC が公表した第 3 次評価報告書（AR3）では「可能性が高い」（66% 以上）、2007 年の第 4 次評価報告書（AR4）では「可能性が非常に高い」（90% 以上）、2013 ～ 14 年の第 5 次評価報告書（AR5）では「可能性が極めて高い」（95% 以上）と表現されてきたが、2021 年の AR6 ではついに「疑う余地がない」（unequivocal）という断言に変わった［IPCC 2021］。

　図 2 は、AR6 第一作業部会の報告『気候変動：自然科学的根拠』にある図を、気象庁と環境省が暫定的に訳したものである。過去の世界平均気温を推計した結果によると、1850 年以降に急激に気温が上昇した。いまは、縄文時代の温暖化期に匹敵するか、それを超えるほどの気温になっている。この 1850 年を基準にすると、過去 10 万年以上でもっとも温暖だった時で +0.2 度～ 1.0 度であったと考えられているのに対して、2011 年から 2020 年にかけては、+1.09 度（0.95 度～ 1.20 度）となっている。人間活動が原因となった上昇（人為起源）と、太陽活動や火山活動のような自然現象（自然起源）をわけて行われたシミュレーションに

1850〜1900年を基準とした世界平均気温の変化

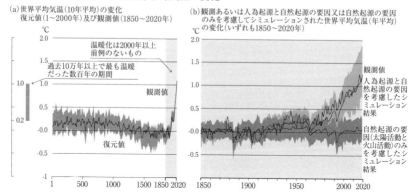

図2　世界平均気温の変化の歴史と最近の温暖化の要因（出典：環境省「IPCC AR6 WG1 報告書政策決定者向け要約（SPM）暫定訳」(2022年12月22日版) 図 SMP.1)

よると、急上昇は前者によるものであることが示された［IPCC 2021］[3]。

　続いて、気候変動が世界にどういう影響をもたらすかを理解するために、IPCC の報告書は経路（pathway）と影響（impacts）の二つの側面からみている。影響は多岐にわたり、メカニズムも複雑であるが、全体的なイメージとして、IPCC の報告書は、気候、人間社会、生態系の三つが相互作用しているとみなす。AR6 第二作業部会『気候変動：影響・適応・脆弱性』「政策決定者向け要約」によれば気候変動は人間社会に直接影響するだけでなく、生態系や生物多様性にも直接影響する。また、環境破壊として人間が生態系に負の影響をもたらすこともある。しかし逆に、人間社会による行動が、直接気候変動を緩和することもできる。そして人間が生態系の保全に取り組めば、それは生態系の状態を良好にし、そして良好な生態系が気候変動を緩和する効果をもたらすこともある。

　したがって、人間による行動が気候や生態系に及ぼす影響であれ、気候変動が人間社会に及ぼす影響であれ、何が何に影響するかにはいくつものパターンがある。その中には科学的に予測可能なものもあれば、何が起こるか予測できないものもある。何かの原因が、いくつかの過程を経て、最終的には気温が上昇する（あるいは下降する）という結果がでるまでのことを、「経路」という。原

　3　この期間、自然現象による気温上昇はほとんどなく、また人間活動によって排出される大気汚染物質である大量の二酸化硫黄はむしろ気温を下げる力をもっているが、それを相殺してなお人間によって排出された温室効果ガスによる気温上昇が認められた。

因が結果に至るまでには、不確実なことも多くあるが、その不確実な点による誤差の大きさも検証・計算することで、経路の信頼性は科学的に評価される。

IPCC の AR6 は、共有社会経済経路（Shared Social-economic Pathways, 以下 SSP）という呼び名で、人間活動全体の経路を設定し、そこに気象現象として起こる放射強制力[4]も加味して将来を予測する。このように将来の状況を仮定したものはシナリオと呼ばれ、大学や研究機関が分析した 3131 個のシナリオのうち、IPCC の科学者による学術的な審査に合格した 1202 個が AR6 で用いられている［篠原 2022］[5]。

以前は代表的濃度経路（RCP）というものがシナリオに用いられた。これは基本的には温室効果ガスの排出・濃度によって、将来起こる状況をシナリオにしたものであった。新しいシナリオである SSP はこれに社会経済的発展の関係を加えたものといえる。SSP の社会経済的側面は大きく分けて「1. 持続可能、2. 中道、3. 地域対立、4. 格差、5. 化石燃料依存」の五つがあり、それに以前からの RCP も組み合わされる。表 1 は全国地球温暖化防止活動推進センターが、AR6 シナリオに翻訳・解説を加えたものである。このうち SSP1-1.9 は持続可能な発展のもとで、放射強制力も抑えられて気温上昇が 1.5 度以下に抑えられたシナリオである。この場合、21 世紀半ばに二酸化炭素排出が正味ゼロになることが条件である。SSP1-2.6 は、同じく持続可能な発展のもとであるが、気温上昇は前者よりやや悪くて 2.0 度未満のシナリオである。この場合、21 世紀後半に二酸化炭素排出が正味ゼロになることが条件である。SSP2-4.5 は、持続可能ではないが、ある程度制限がある中道的な発展のもの（2 度以上の温暖化）、SSP3-7.0 は国際協調が

4　太陽光として宇宙からエネルギーが地球に届くが、地球はそのエネルギーを反射する。反射したエネルギーはすべて宇宙に戻るのではなく、地球の周りにある大気がその一部を保持する。特に大気中の二酸化炭素等である。こうして地球は生命が維持できる温度に保たれている。放射強制力とは、このようなエネルギーの出入りのバランスを見たものであり、IPCC は対流圏の上端における平均的な正味の放射の変化であると定義しており、それが正の場合は温暖化、負の場合は寒冷化という。また IPCC は産業革命直前にあたる 1750 年の放射強制力を基準としている。

5　たとえば日本の国立環境研究所などのグループが作成したシナリオは統合評価モデル AIM（Asian-Pacific Integrated Model）の経済モデルである AIM/CGE（Computable General Equilibrium）モデルを用いて「将来の人口や GDP、エネルギー技術の進展度合い、再生可能エネルギーの費用、食料の選好、土地利用政策など様々な GHG 排出に関連する社会経済条件を入力として、エネルギー消費量、二酸化炭素排出量、土地利用、大気汚染物質排出量、GHG 排出削減に伴う経済損失などを出力するモデル」である［国立環境研究所 2017］。

オセアニアの気候変動と適応策

表1　IPCC の AR6 における主要なシナリオ

シナリオ	概要
SSP1-1.9	持続可能な発展の下で気温上昇を1.5℃以下におさえるシナリオ
SSP1-2.6	持続可能な発展の下で気温上昇を2℃未満におさえるシナリオ
SSP2-4.5	中道的な発展の下で気候政策を導入するシナリオ
SSP3-7.0	地域対立的な発展の下で気候政策を導入しないシナリオ
SSP5-8.5	化石燃料依存型の発展の下で気候政策を導入しない最大排出量シナリオ

出典：全国地球温暖化防止活動推進センター

なくて地域対立的に発展をしたもの（4度前後温暖化）、SSP5-8.5 は化石燃料依存
の発展で気候政策もないもの（5度前後温暖化）となっており、それぞれのシナリ
オによって放射強制力も増大していく想定である。

　気候温暖化対策についてはすでにある程度の国際協調がなされており、化石
燃料からの転換もはじまっているため、SSP5-8.5 のような最悪のシナリオは脱し
つつあるが、昨今の戦争と資源獲得競争など国際政治の状況を鑑みると、あり
えないとは言い切れない。一方、気温上昇を 1.5 度以下に抑えることもほぼ実現
不可能とみなされつつある。

　IPCC が科学的知見をもたらすのに対し、それに基づいて政治的意思決定が行
われるのが気候変動枠組条約締約国会議（COP）である。これは UNFCCC に参加
している、198 の国・機関（2022 年 11 月時点）による会議である。同条約では、
先進国と市場経済移行国は「附属書Ⅰ国」と呼ばれ、温室効果ガス削減目標に言
及されており、一方の途上国は「非附属書Ⅰ国」として温室効果ガス削減目標に
言及がされない。また先進国は非附属書Ⅰ国が条約上の義務を履行するため資金
協力を行う義務があるともされる。

　1997 年（COP3）に採択され、2002 年に発行した京都議定書では、附属書Ⅰ国
が 2020 年までの削減義務を負った。しかし 2015 年（COP21）に採択され、2016
年に発行したパリ協定からは、先進国・途上国関係なく、温室効果ガス削減な
どの取り組みに参加するようになり、2020 年以降の削減のあり方を示した。た
だし、排出量取引のあり方など、具体的な方策にはおもに先進国と途上国の間
で意見が一致しなかった。また京都議定書やパリ協定をアメリカは締結せず、
日本も京都議定書の第二約束期間には参加しないなど、必ずしも世界的な協調
によって進められているわけではない［経済産業省資源エネルギー庁 2022］。

　パリ協定以降、「1.5 度目標」に向けて取り組みが進められている。世界の平
均気温の上昇を、産業革命以前に比べて 1.5 度に抑えようとするものである。

12

温室効果ガスを減らして、地球温暖化自体を止めようとする取り組みは「緩和 mitigation」とよばれる。ただし目標達成ができない「オーバーシュート」の可能性が高まる中で、地球温暖化による人間社会への影響を予測し、それに備えた対策も必要であり、これは「適応 adaptation」と呼ばれる。さらに、地球温暖化によって生じた損害をどう補償するか、「損失と被害 loss and damage」という議論が、2022 年の COP27 で主要な議題になった。

人間社会への影響

　このようにシナリオごとに、地球に何が起こるかの予測が立てられるが、それがどう人間社会に影響するかは、別途推測される必要がある。AR5 までは、そのような影響は「ハザード（hazard）（危険ともいう）」という概念で検討された。しかし、AR6 においては、気候影響駆動要因（Climatic impact-driver、以下 CID）が基本的な概念になった。これはハザードと似た概念であるが、ハザードが負の影響のみに関するものであるのに対して、CID は気候の平均的な状態、気候現象、あるいは気候の極端現象などを指すものであり人間にとって正か負かという主観的な価値判断によらない、より客観的なものであるといえる［IPCC 2021］。

　IPCC の考え方では、この CID に曝露（exposure）と脆弱性（vulnerability）がかかわることで、人間への影響（impact）が決まる。曝露とは、例えばある CID が発生したときに、そもそもそこに人が（たくさん）いるかどうかであり、脆弱性とは、それに対する備えができているか、である。つまり同じ CID であっても、人がいない場合や十分に備えができている場合は被害が少なく、無防備に多数の人々がいると被害が大きくなる。

　AR6 第一部会報告書には、35 個の CID が 7 種類に分類されている。

・暑熱と寒冷：(1) 平均気温、(2) 極端な高温、(3) 寒波、(4) 霜
・湿潤と乾燥：(5) 平均降水量、(6) 河川の氾濫、(7) 大雨及び内水氾濫[6]、(8) 地すべり、(9) 乾燥、(10) 水文干ばつ、(11) 農業及び生態学的干ばつ、(12) 火災の発生しやすい気象条件
・風：(13) 平均風速、(14) 激しい暴風雨、(15) 熱帯低気圧、(16) 砂じん嵐

6　AR5 によると気温が 1 度上がるごとに、大気中に保持できる水蒸気量は 7% 増加するとされる。これは、熱帯地域のスコールの降水量が大きくなる一因であり、温暖化によって日本などの豪雨が悪化する要因にもなっている。水蒸気量が増えることは、さらなる温暖化の原因にもなりうる。

写真 1 海岸浸食により樹木が倒壊していく様子
（ソロモン諸島テモツ州マテマ島 2016 年、古澤拓郎撮影）

・雪氷：(17) 雪・氷河及び氷床、(18) 永久凍土、(19) 湖氷・河氷及び海氷、(20) 大雪および氷雨を伴う嵐、(21) 雹、(22) 雪崩
・その他：(23) 大気汚染の発生しやすい気象条件、(24) 地表付近の大気中 CO_2、(25) 地表面での放射収支
・沿岸：(26) 相対的な海面水位、(27) 沿岸浸水、(28) 海岸浸食、(29) 海洋熱波、(30) 海洋酸性度
・外洋：(31) 平均海水温、(32) 海洋熱波、(33) 海洋酸性度、(34) 海洋塩分、(35) 溶存酸素

　影響に関係して、もう一つ重要な概念に、「リスク」がある。リスクは、「悪い結果をもたらす可能性」であるが、ここでいう悪い結果は人間社会のシステムと生態学的システムのいずれかの場合があり、また悪いかどうかは価値観や目的によって異なる。そのため、リスクは「生命、生計、健康とウェルビーイング、経済的・社会的及び文化的資産と投資、インフラ、サービス（生態系サービスを含む）、生態系と種に対するもの」を含むとされる広い概念である［O'Neill et al.2022］。
　リスクは、上述の CID に曝露と脆弱性を掛け合わせた結果、人間社会（や生態系）にもたらされる悪影響の可能性であるともいえる。ここで、仮に CID、曝露、脆弱性の条件が揃っていても、実際に災害などの結果が起こるかどうかには想定外の要素もあり、それは不確実性という。リスクは、あくまで可能性を指すのである。そしてリスクが現実になったものが影響である。

　影響としての災害についての実例・実データは、先に欧米やアジアでの研究が進んでいたため、かつてはこれら地域に偏ったデータによって世界の予測がなされた。しかし、IPCC の評価報告書が更新されるにつれて、他地域で収集された科学的知見が増え、AR6 では世界全体を覆うものとなっている。そのうえで、例えば同じ CID（あるいはハザード）があったとしてもリスクは地域によっても大きく異なることが認識されている。

　AR6 においては 120 以上の主要リスクが取り上げられているが、それらは八つの「代表的な主要リスク（representative key risks）」に分類されている。その代表的な主要リスクとは、(1) 低地沿岸部[7]（RKR-A）、(2) 陸域・海域生態系（RKR-B）、(3) 重要なインフラとネットワーク（RKR-C）、(4) 生活水準（RKR-D）、(5) 人間の健康（RKR-E）、(6) 食の安全（食料安全保障）（RKR-F）、(7) 水の安全（水安全保障）（RKR-G）、(8) 平和と人間の移動（RKR-H）である。

　AR6 第二部会報告書の第 16 章は、部門・領域や地域をまたいで、主要リスクについて検討している [O'Neill et al.2022]。低地沿岸部に関するものには、自然の沿岸の保護と環境（生息地）がある。これは温暖化自体と海面上昇が、海岸生態系にもたらすリスクを指し、すでに海岸消失や堆積物の形で、沿岸の変化は各地で顕在化している。沿岸の変化や海洋生態系の劣化は、そこで暮らしたり、漁業を営む人々の生活や生計手段にも影響をもたらす。それは、ハリケーンや高潮といった直接的な気候リスクとも相まって、地域の伝統文化の継続を困難にし、人々のウェルビーイング[8]にも影響をもたらす。

　陸域・海域生態系のリスクとしては、気温や降水の変化、海に溶ける二酸化炭素が増えることによる海水酸性化が、生態系の構造や機能の変化や、種の地

7　英単語 coast に対応する日本語として、海岸、沿岸、汀線がある。汀線は海水面と海浜との境界線であり、その境界線は満潮・干潮で変化する、いわゆる波打ち際（なぎさ）のことである。海岸部は、汀線よりも広く、陸と海が接して波や潮汐が影響する範囲であり、海浜よりわずかに陸側（海岸線）から、海浜からわずかに沖側までの範囲を指す。沿岸部は海岸部よりもさらに広く、海岸線よりも内陸側・海側にある程度の距離をとった範囲であり、海・陸・風等の影響を受ける地域と水域である（気象庁「天気予報等で用いる用語：地域に関する用語」）。

8　ウェルビーイングは、幸福、健康、福祉と訳されることもある。世界保健機関（WHO）は、その憲章において「健康とは、肉体的、精神的及び社会的に完全にウェルビーイング（良好な状態）であり、単に疾病又は病弱の存在しないことではない」と定義している。ハッピネスが瞬間的な幸福を指すのに対して、ウェルビーイングは持続的な幸福を指す。

域絶滅による生物多様性の低下、人間が享受してきた「生態系のモノとサービス」の喪失がある。なおここで、生態系のモノとサービスは、人間が享受する生態系の恵みを、主に経済的に評価するという考え方であり、単に生態系サービスともいう。人間にとって欠かせない食料はすべて生態系の何らかの機能によってもたらされるモノであり、植物が太陽光を受けた光合成によって酸素を作ることも該当する。生態系サービスは、供給サービス、調整サービス、文化的サービス、基盤サービスに分けられる[9]。

　重要なインフラとネットワークでは、気候変動によってこれらが被害を受けたときに、社会に大きな混乱が発生することが問題であり、対策の失敗は人々の生活、生計手段、経済に大きな影響をもたらす。特に港・空港・幹線道路が低地沿岸部に多いことは、これら重要インフラが気象災害の影響を受けるリスクとなっている。

　生活水準では、これまでに挙げたようなリスクによって、生計手段を失う人がいる一方で、経済全体に深刻な影響がでることで、貧困が増加することなどが危惧される。また人間の健康では、気候の変化によって感染症を媒介する生物の生息範囲が広がることや、水環境が悪化することによる感染症、熱中症など気象による健康問題などがあり、死亡率が増加することが懸念される。食の安全と水の安全は、気候変化や生態系サービスの低下によって食料供給や利用可能な水の供給が低下して、飢餓が増加することがリスクである。

　最後に平和と人間の移動は、これまでに挙げたような影響により、例えば食料不足や、経済悪化などによって、武力紛争が増加したり、住む場所を失うなどして望まない形で移住したりするリスクである。

　これらに加えて、後述するような気候変動への取り組みをしたことが、新たなリスクを生むという、「気候行動の失敗」もまたリスクになっている［Ara Begum et al. 2021］。

9　供給サービスは、食料をはじめとして、人間が生きていくために必要なものを提供してくれるものであり、狭義の自然資源ということもできる。調整サービスは、生態系が空気や水を提供し、気候を調整し、自然災害が起こらないように環境を調整するものである。また、文化的サービスは、生態系が地域の伝統や娯楽などの文化に欠かせないものを指す。最後に基盤サービスは、その生態系の中で、光合成や食物網（食物連鎖）、物質循環などが行われることで、上記の供給、調整、文化の基盤を維持することである［Millennium Ecosystem Assessment Panel 2005］。

影響への対策と被害

　前述した適応[10]とは、気候変動による影響へ人間が対応することであり、気候変動の原因に対処する緩和と対比的に使われる概念である。気候などの環境条件が変化した場合、人間以外でも様々な生物がその影響を受けることになるし、生態系にも影響がでる。しかし、生態系においては、ある種の生物が生きにくくなったとしても、その状態に順応的な別の生物が生存・繁殖したりすることで、新たな形の生態系ができるかもしれない。人間の場合は、ヒトという生物として、身体や生理機能が、変化した環境に順応できるか否かだけでなく、人間がさまざまな手段で環境や気候変動に介入することで、影響をコントロールすることもできる[11]。

　適応には、例えば海面上昇に対して堤防を築くようなものや、居住地を移転するものなど、様々な形があるが、それぞれに限界があることもわかっている。その要因が財政やガバナンス[12]の問題、制度や政策であれば解決できる場合もあるが、そもそも現在の科学・技術では解決が困難なものもある。また、適応策が思ったような効果を発揮しないこともある。そればかりか、無駄にコストが高かったり、人々の間で利益を受ける人とそうでない人との不平等を増幅させたり、悪い影響の出た場合もあった。これは「適応の失敗」とよばれる[13]。適応策として導入したインフラが、結果として脆弱性・曝露・リスクを固定化してしまった場合はロックインと呼ばれる。つまり気候変動によるリスクを前にして、適応策を導入することが必ずしも正解であるとは限らない。

　適応に関連して、もうひとつ重要なキーワードは「レジリエンス」である。

10　IPCC 用語集を文部科学省・気象庁が暫定訳したものでは「人間システムにおいては、危害を和らげる又は有益な機会を活かすために、現実の又は予期される気候及びその影響に対して調整するプロセス。自然システムにおいては、現実の気候及びその影響に対して調整するプロセス。人間の介入は、予期される気候及びその影響への調整を促進することがある。」と訳されている [IPCC 2021]。

11　適応という単語は、もともと生物の進化理論や生態学で用いられてきた。原義では、生物が環境の中で生存して繁殖していく中で身体や生理機能が小進化する際にもちいられる。ヒトが知恵や技術を用いて環境を改変したり、都合のよい環境を構築することは「文化による適応」といわれる。

12　支配や統治のことを指す。

13　なお「適応の失敗」というのは、英単語では maladaptation であり、日本政府の暫定訳における訳語であり、「良くない適応」と訳されることもある [高木 2022]。生態学では不適応（不適切な適応）と訳されてきた。

もともと生態学用語としてのレジリエンスは、生態系は何らかの攪乱を受けたとしても回復する能力を持っていることを指す。例えば強風で巨木が倒れたとしても、その後には別の樹木が自然に生長してくるのであり、気候変動に対しても、ある程度までは自然は回復力を持っている。ある森林の気候が温暖化したら、暑さに弱い樹種は減少するが、暑さに強い樹種が増加するため、植物構成は変化するが、森林自体は続いていく。土木工学では、たとえば洪水が多い地域に家を建てる際に、莫大なコストをかけて洪水に絶対耐えうる家を建てるのではなく、洪水によって一部壊れることを見越して、壊れてもすぐに復元できる家を建てるのも選択肢であり、そのような復元力に対しても用いる。同様に、外的ショックに対する強さや回復に関する意味で、経済学、政治学、心理学などでもレジリエンスは用いられる。回復力、復元力、しなやかな強さ、強じん性、などの訳がある。

　気候変動の文脈においては、人間社会や経済が、何らかの変化に対して、元通りの姿を維持するのは困難であっても、一番大事な部分だけを守りながら他の部分を柔軟に変えることで、悪影響に耐えられることを指す。AR5 からはレジリエンスの構築が、適応の重要概念となっている。AR5 は、レジリエンスを「適応、学習及び変革のための能力を維持しつつ、本質的な機能、アイデンティティ及び構造を維持する形で対応又は再編することで、危険な事象又は傾向もしくは混乱に対処する社会、経済及び環境システムの能力」と定義している [IPCC 2014]。

　AR6 では、気候にレジリエントな開発（climate resilient development、略称 CRD）が重要な概念になっている [IPCC 2021]。気候変動の影響はもはや避けられないという見通しの中で、開発、特に持続可能な開発を進めるためには、複雑に絡み合った様々な要因、立場の違う人々（弱者など）、利害の異なる中での国際協調など、すべてを考えなければならない。気候変動対策と持続可能な開発は相互に依存しているため、気候レジリエンスを高めつつ持続可能な開発目標（SDGs）を達成するという包括的な考えがある。

　第二作業部会の報告書においては、気候変動への適応と、SDGs との関係について多面的に記載されている。たとえば統合沿岸管理は、SDGs における「13. 気候変動に具体的な対策を」、「14. 海の豊かさを守ろう」や「15. 陸の豊かさも守ろう」だけでなく、それが生業や生活基盤になることから「8. 働きがいも経済成長も」や「1. 貧困をなくそう」、さらに「5. ジェンダー平等を実現しよう」と「16. 平和と公正をすべての人に」などの効果をもたらし、「3. すべての人に健康

と福祉を」や「17. パートナーシップで目標を達成しよう」へとつながる［IPCC 2021］。適応だけでなく、温暖化の原因への対策を施す緩和の場合も、対策をとることが結果として、生態系や人間に様々な良い効果をもたらすこともある。それは「コベネフィット（cobenefit、副次的便益）」とよばれる。

　2022 年の気候変動枠組条約 COP27 で議論が進んだのは「損失と被害」である。損失と損害は、緩和が間に合わなかったり、適応が困難であったりした場合に発生する［国際連合広報センター 2022］。気候変動がもたらした損失と損害は、人間へのものと自然へのものがあり、不可逆的な影響もでている。COP27 では、基金創設で合意されたが、実現方法は決まっていない。

3.　オセアニアにおける影響とリスク

　続いて第二部会報告書に書かれている、オセアニア島嶼部における影響についてまとめる。気候変動の影響は、生態系と人間社会に大別されている。生態系において観測された影響は、「生態系の構造の変化」、「種の生息域の移動」、「時期の変化（生物季節学）」の三つに分類され、人間社会（人間システム）において観測された影響は、以下に分類されている［IPCC 2021］。

・水不足と食料生産への影響：
　　水不足、農業／作物の生産、動物・家畜の健康と生産性、漁獲量と養殖の
　　生産量
・健康とウェルビーイングへの影響：
　　感染症、暑熱・栄養不良・その他、メンタルヘルス、強制移住
・都市、居住地、インフラへの影響：
　　内水氾濫と関連する損害、沿岸域における洪水／暴風雨による損害、インフラへの損害、主要な経済部門に対する損害

　同報告書における地域区分では、オセアニア島嶼部は「第 16 章：小島嶼」と「第 11 章：オーストラレーシア」が該当する。その部分を抜き出したのが表2(a) と表2（b）である。

　小島嶼についてみていくと［Mycoo et al. 2022］、気温の上昇、熱帯低気圧（TC）、高潮、干ばつ、降水パターンの変化、海面上昇（SLR）、サンゴの白化、侵入種による影響を受けていることが指摘されてきた。地域による違いがあるが、特に

オセアニアの気候変動と適応策

表2（a）　生態系において観測された気候変動影響

確信度	オーストラレーシア	小島嶼
非常に高い／高い	・生態系の構造変化：陸域・海洋 ・種の生息域の移動：陸域・海洋 ・時期の変化：陸域	・生態系の構造変化：陸域・淡水・海洋 ・種の生息域の移動：陸域・淡水・海洋 ・時期の変化：陸域
中程度		・時期の変化：海洋

表2（b）　人間システムにおいて観測された気候変動影響

確信度	オーストラレーシア	小島嶼
非常に高い／高い	・農業／作物の生産 ・沿岸域における洪水 　　　　　　　　／暴風雨による損害 ・インフラへの損害 ・主要な経済部門に対する損害	・水不足 ・漁獲量と養殖の生産量 ・暑熱・栄養不良・その他 ・内水氾濫と関連する損害 ・沿岸域における洪水 　　　　　　　　／暴風雨による損害 ・インフラへの損害 ・主要な経済部門に対する損害
中程度	・動物・家畜の健康と生産性＊ ・漁獲量と養殖の生産量 ・暑熱・栄養不良・その他 ・メンタルヘルス	・農業／作物の生産 ・動物・家畜の健康と生産性 ・強制移住

＊悪い影響だけではなく、良い影響も含む（出典：IPCC［2021］）

　オセアニア小島嶼では人口の 50％が海岸から 10km 以内に住み、海岸から 500m 以内にインフラの 50％以上が集中していることから、沿岸部都市の災害は深刻な結果になる。また農村でも居住地や農業への影響、また全体として水への影響と健康やウェルビーイングの問題がある。

　水不足も深刻である。熱帯で年間降水量はある程度多いが、島が小さいと島内に貯留される淡水の量が限られている。大きな島であれば、山に降った雨が地面にしみこみ、地下の帯水層にたまり、それが湧き水や川水、人間が掘った井戸水になる。しかし環礁島のように小さな島では、帯水層がなく、「淡水レンズ」という形で、島の下に存在するだけである。オセアニアではないが、インド洋のモルディブでは、地下淡水の量は、海面上昇によって 11 ～ 36％減少すると推定されている。また各地の小島嶼は、2010 年代以降、エルニーニョ現象などに関連して、深刻な干ばつの事例が増加している。

　自然への影響も見られている。小島嶼の自然は、海で隔絶されて独自に進化したため、固有種が多い。しかし、上述のように気候変動の影響に脆弱であり、地球上の絶滅危惧種の 50％は島嶼にあるとされている。サンゴの白化現象は、

写真 2　海水に囲まれてしまった家
（ソロモン諸島ウェスタン州ニュージョージア島、古澤拓郎撮影）

海水温度の上昇によって造礁サンゴに共生している褐虫藻が減り、サンゴの白い骨格が透けて見える現象である。そのままでは、サンゴは共生藻からの光合成生産物を受け取ることができず、壊滅してしまう（水産庁）。この現象の周期が早まっている。

　サンゴの白化に加え、藻場やマングローブも劣化し、これはそこを漁撈などの生業の場としてきた人々にも影響を与える。サンゴ礁に生活や生計を依存する社会は、たとえ今後の温暖化が緩やかであったとしても、21 世紀中には「適応限界」を超える可能性が高いとされる。そのため、気候変動による移民が増加する可能性も指摘されている。オセアニア小島嶼では、すでに気候変動の損失と損害が発生しているとみられているが、それを評価して支払いをうける仕組みはまだない。

　小島嶼の適応を考えるにあたり、これらの国々は財政や、政治の問題を抱えていることも障壁である。適応を実施するにあたっては、それを可能にするためのいくつかの手段が必要である。そういう手段はイネーブラー（enabler）と呼ばれる。イネーブラーの内容は、まず国の政治面で、良いガバナンスと法の改革、正義・公平性・ジェンダーへの配慮を達成することや、政策として人的資源の能力向上、資金調達とリスク移転メカニズムの強化、教育と持続可能性意識の向上をすることがある。それから、実践的な面では、政策決定者や研究者が気候情報へアクセスをしやすくすることや、彼らが利用しやすい気候データを増やすことが挙げられた。また、適応には在来の知識や地域の知識（indigenous knowledge and local knowledge、略称 IKLK）が活用され、文化資源が意思決定に統合されることがある。

写真3　小さな環礁島で唯一の淡水源である井戸
（ソロモン諸島テモツ州マテマ島、古澤拓郎撮影）

　イネーブラーとしての財源に関して、国際的な気候資金や適応資金の規模は
拡大しているが、小島嶼国はその資金へのアクセスに課題がある。適応策はゆっ
くりとしか進んでおらず、規模においてもコミュニティ主体適応プロジェクト
のように小さなものが多い。今後は、国ごとに定める国家適応戦略や災害リス
ク軽減計画が統合的な適応策を実施することが必要であるという指摘もある
　このようなことが、IPCCや気候変動枠組条約を通じての、国際的な論点である。

第2章　オセアニアにおける適応策の類型化

古澤拓郎　デイビット・メイソン　飯田晶子　塚原高広

1. 地域の状況

　ここまで、主に IPCC の報告書にそった気候変動問題の概要を解説した。続いてこの章は、オセアニア島嶼ではどのような気候変動対策すなわち適応策が取られてきたかをまとめる。

　同報告書にもあったように、島によって、地域によって、自然環境の条件も歴史・文化も大きく異なり、気候変動の影響も同様に異なる。オセアニア島嶼部は、村や町などの地域社会が比較的小さく、対策の予算規模も小さいため、それぞれの地域で取られた事業の種類は少ないが、オセアニア全体としては多種多様な事業が行われてきた。ある地域で成功した事業が他地域ではそうでない場合もありえるため、事業の種類ごとにもたらされた結果を、国・地域をまたいで比較・整理していく必要がある。そのため、本章はオセアニア各地で取られてきた適応策を、いくつかに類型化・分類する。

　それに先立って、IPCC の報告書では見えてこなかった、オセアニア島嶼の地域社会レベルでの気候変動の影響を類型化・分類する。

　オセアニアの小島嶼における気候変動の影響といえば、「水没危機」が一つの象徴である [14]。水没危機を影響やリスクとして表すと、海水によって陸地が奪われていく海岸浸食（coastal erosion）や、上昇した海面が陸地に入ってくる海岸浸水（coastal inundation）に分けられる。生活の場となる沿岸部が海水につかることで、深刻な災害となるのは沿岸洪水（coastal flooding）である。もともと海流によって島

14　ブライヤー・マーチ（Briah March）監督の映画『There Once Was an Island: Te Henua e Noho』は、パプアニューギニア領のタクウ環礁（モートロック環礁）について映した。島民がブーゲンヴィル島に移住するべきかどうかで葛藤する様子を、熱帯低気圧に伴う浸水の様子とともに描く。

の一部が侵食されることや、熱帯低気圧（サイクロン）によって海面が持ち上がり高潮を発生させることはあったが、それに地球温暖化による海面上昇が相まって現在の被害が出ているといわれる。ツバルのように陸地面積が小さく、かつ標高も低い環礁島がとくにリスクが高い例である。

　沿岸洪水は、環礁島だけでなく、大きな島の沿岸部でも起こってきた。その一因は、植民地期を通して、内陸に住んでいた人々も海の近くに住むようになったことである。植民地政府にとって住民が居住するところは海からのアクセスが良いほうが都合よく、住民にとっても様々な資源へのアクセスが向上した[Nunn and Campbell 2020]。これは首都や州都など町をつくるときにも同様であり、重要なインフラが沿岸洪水にさらされやすい要因になっている。

　海水ではなく、大雨による川水の氾濫等によって起こる水害として内水氾濫（inland flooding）もある。日本などのアジアや欧米でも大きな被害を出しているが、オセアニアの例では2014年4月にソロモン諸島首都ホニアラで、熱帯低気圧による豪雨が市内に洪水を引き起こし、家屋や橋を押し流し、1万人以上が住む場所を失い、少なくとも16人の命が奪われた[BBC 2014]。当時のホニアラの人口は6万人程度であったので、6人に1人が被災したことになる。国際連合人道問題調整事務所（OCHA）によると、1か月以上経過しても、2500人が避難キャンプから戻る場所がなく、2万5000人が安全な飲料水へのアクセスが無いなどの影響を受け続けた。

　内水氾濫や豪雨は、土砂崩れなどの災害も引き起こす[Piggott-McKellar et al. 2019]。これらの災害は、水源の汚染などの衛生状態悪化を通じて多くの人々に影響することもある。ただし、オセアニアの島々のなかで、内水氾濫を起こすほどの面積や標高を持つ島は多くはないためか、先行研究は少ない。

　水問題（water security）[15]は、環礁島など小さな島での水源確保の問題であり、大きな島でも衛生との両立が問題になる。小さな島では降水と貯水が少ない上に、気候変動により、各地の降水パターンと降水量が変化している。エルニーニョ現象（エルニーニョ南方振動）時に起こりやすい干ばつが、特に大きな原因であるが、島の貴重な淡水に塩水が混ざることも問題である[Holding et al. 2016]。利用可能な水は今後減っていくと予測されているが[Karnauskas et al. 2016]、水は食料よりも輸送や貯蔵にコストがかかる。サンゴ礁の島は地下の淡水レンズが水源で、島民は地面を掘って、この淡水を吸い上げて利用する。しかし、人口増加によ

15　IPCC報告書などの訳では「水の安全」「水の安全保障」ともいう。

りこの水源は危機にある。

　食料問題（food security）[16] もある。もともとオセアニア島嶼は、比較的近年まで自給的な農耕や漁撈を生業にしている人々が多かった。また、陸地面積の限られた環礁島においても、面積当たりの人口密度は高く、すなわち面積あたりの農耕生産性が高い（人口支持力が高い）ことが知られる [Bayliss-Smith 1974]。しかし、海水の侵入により、農耕生産性が下がるリスクがある。パラオ共和国のカヤンゲル環礁では、2013 年の台風（Typhoon Haiyan）によって、タロイモ畑にまで海水が浸水し数年間栽培が困難になったところがある。気温の上昇、海水温の上昇、海洋酸性化、熱帯低気圧・台風、異常気象はいずれも食料問題のリスクを高める。ある予想によると、2030 年に国内消費に必要なだけ沿岸漁業による漁獲があるのは、太平洋島嶼国・地域（PCITs）22 カ国・地域のうち、わずか 6 カ国・地域になる [Bell et al. 2009]。

　またこれらの地域は人口増加や、市場経済化の導入、社会経済のグローバル化によって、自給的なバランスが崩れている。すでに食料購入が一般化した地域もあり、そこでは輸入食品への依存度が高くなっている [Nakamura et al. 2021]。このことは、外部からの食料供給が不安定な遠隔の島においてとくに、食料問題になりがちであることを示唆している。

　最後に、これらの変動を通じて、最終的には人々の健康とウェルビーイング（health and well-being）に問題が生じる可能性がある。具体的に考えられるのは、熱波による直接的な健康問題、熱帯低気圧による直接被害、水や大気の汚染、感染症、生態系変化による健康問題、食料や栄養の問題、水不足、将来への不安や移住による迫害などメンタルヘルスである [Haines et al. 2006, Fritze et al. 2008, McIver et al. 2016]。オセアニア島嶼部は、もともとマラリアが蔓延していた地域であるが、公衆衛生的な取り組みにより、マラリアによる死亡はかなり減少した。しかしデング熱やインフルエンザ、さらには新興感染症の COVID-19 のような、島の外から持ち込まれた感染症が流行することもある。災害後に、人々が共用の飲用水源としている場所を調べたところでは、雨水タンクも含めてほとんどの水源は動物の糞便性汚染の基準値を超えていた [Furusawa et al. 2008]。また、災害を逃れて一時避難したときに、支援物資が行き届かない遠隔の島では、子供の栄養不良がみられた [Furusawa et al. 2011]。フィジーでは、熱帯低気圧後にデング熱様疾患、インフルエンザ様疾患などが、米領ヴァージン諸島ではレプトスピラ

16　IPCC 報告書などの訳では「食の安全」「食料安全保障」ともいう。

症が発生した報告もある（IPCC AR6）。

　生態系変化による健康問題の例としては、劣化したサンゴ礁で有毒の渦鞭毛藻が増加し、生態濃縮を通じて大型魚類のシガテラ毒が増加した例がある。また、大量の藻類が腐敗して、硫化水素やアンモニア等の有毒ガスが産生され、呼吸器疾患が増加する可能性も指摘されている［Resiere et al. 2018］。

　オセアニアでは全体に肥満や生活習慣病が問題となっており、特に都市部では肥満や生活習慣病の罹患率が高い［Tsuchiya et al. 2017; Furusawa et al. 2021］。それは、都市では輸入食品など安価で高カロリーな食品があふれていることや、運動不足になることなどが関係している。気候変動の適応過程で、都市的な生活空間が増えることは、これらのリスクを高める。

2.　適応策の類型化とは

　続いて、これまでに説明したような状況に対して、取られてきた適応策についての情報を収集し、類型化する。

　適応策や気候変動に関連した地域社会の行動を類型化することは、過去にも行われている。まずインドの海面上昇を想定した、キーズ・ドルスト（Kees Dorst）による三つの類型は［Dorst 2011］、シンプルでありながら、さまざまな場合に応用できる［Paeniu et al. 2015］。ドルストは、海岸浸食を食い止めて人間と生態系を保護する適応策は、退却（後退）戦略（retreat）、順応（受容）戦略（accommodate）、保護戦略（protect）の三つであるとした。退却戦略は、浸食の危険にさらされた地域を人間がまるごと放棄するような場合を指す。この場合は沿岸部の生態系などは介入されることはなく、そこの動態はあるがままに残されるが、一方で人間は内陸や高い土地に集落やインフラを移動させなければならない。順応戦略は、沿岸生態系の劣化や土地の消失を止めることはせずに、人間がそこに住み続けることである。人間が沿岸部を改変することはなく、人間は変化した環境に住むために土地利用を変えることになる。保護戦略は、人間が防潮堤を築いたり海岸を造成したりと、工学的な技術を使うことで、環境を大きく改造し、そこに住み続けることである（表3）。

　この三戦略は、沿岸防護を考えるときに、それぞれのメリットとデメリットを整理しやすいことから、オセアニアにおいて実際に対策をとる場合のガイドラインやマニュアルにしばしば用いられてきた［Shand and Blacka 2017］。

　この三戦略を引用した一つに南太平洋大学が出版した報告書『海岸防護：太

表3　ドルストによる戦略の違い

	退却戦略 Retreat	順応戦略　Accommodate	保護戦略　Protect
建造物	防護が必要なところから建築物を後退させる	同じ場所で建物の開発を規制する（海面上昇に対応した建築のみにする）	海岸を造成し保護する
湿地	湿地の拡大を許容する	湿地の確保と開発のバランスをとる	土地を造成し植栽することで湿地を作る
農地	農地を移転する	同じ場所で養殖をする	海岸を造成して農地を保護する

Dorst［2011］を元に筆者作成

表4　類型と適応策行動

(1) 観測と評価
「脆弱性及び影響評価」、「地図作成」など8項目
(2) 計画・制度・政策
「行動計画」「持続可能な開発計画」「国家の資金配分」「金融商品および便益」「気候変動に関する国のチーム、委員会、タスクフォース等の設置」「気候変動政策の承認」など22項目
(3) 実装と管理
「移転」「海岸防護インフラ」「その他のハードインフラ」「インフラの補修・維持管理」「生物多様性インベントリー」「保全活動」「保護区の設立」「復元と補充」「マングローブの再植林」「新規または改善された植林、農業、農業慣行」「新種の伝搬」など19項目
(4) モニタリングと評価
「気候に関する変数や資源のモニタリング」「早期警報システム」「レビュー（評価）：適応行動、政策、政策サブプログラム」「提言」など5項目
(5) 教育と知識管理
「情報の公表（印刷物、ラジオ、テレビ、ビデオ）およびウェブサイト等による普及」「地域および国際会議への参加：（例：UNFCCC 締約国会議、ロビー活動）」「大学院教育プログラム」「データ収集」「データの共有：地域的・国際的なデータベースやプラットフォーム」など10項目

Robinson［2017］を元に筆者作成

平洋におけるベストプラクティス（拙訳）』がある［Paeniu et al. 2015］。同書は適応策を「無構造物の選択肢」と「構造物の選択肢」に分類し、前者はおもに人々の行動変化を通じて生態系機能を促進するものであり、後者は人々が何らかの構造物を設置するものである。後者の場合でも、ベストプラクティスとしては生態系への配慮が欠かせず、コンクリートによる防潮堤だけでなくマングローブ植林のようなアプローチも提案される。

　先行研究を収集して適応策を分類した研究としては、気候変動枠組条約

（UNFCCC）締約国のうち 117 カ国が 2008 年～ 12 年の期間に提出した国別報告書 [17] を集計し、政策的な適応策実施状況を調べたものがある［Lesnikowski et al. 2015］。この研究は、適応策の活動のレベルを「基礎固め（groundwork）」と「適応策（adaptation）」に分けた。この基礎固めレベルは、文字通り基礎的調査やシナリオの策定などの項目が該当する [18]。また適応策レベルには、組織開発、規制、啓発／アウトリーチ、監視／モニタリング、インフラ／技術／革新、資源移転／資金メカニズム、批評、その他がある。活動の状態には、推薦、計画、一部実施済み、実施済み（継続中）、実施済み（完了）、不特定がある。研究の結果によると、実施されている適応策はインフラ／技術／革新が最も多く、それは洪水、干ばつ、食料問題・水問題、降水、感染症、陸域生態系に関するものが多かった。

　また、同じく UNFCCC の国別報告書をもちいて、小島嶼発展途上国（Small Island Developing States：SIDS）の 977 の適応策を調べた研究もある［Robinson 2017］。この研究は、適応策の行動をまず 64 に分類し、それを (1) 観測と評価、(2) 計画・制度・政策、(3) 実装と管理、(4) モニタリングと評価、(5) 教育と知識管理、という五つに類型化した（表4）。

　オセアニア各地での事例を収集して類型化したものに、キャロラ・クロックとパトリック・ヌンによるものがある［Klöck and Nunn 2019］。彼らはシステマチックレビューという、文献を体系的に調べる手法を用いて、世界の SIDS で 2000 年から 2016 年の間にとられた気候変動適応策やレジリエンスに関する 53 の論文を調べた。事例に登場する国の大半はオセアニア島嶼国であった。

　彼らは適応策を構造的・物理的、社会的、制度的という三つに大分類をした。そのうえで、表 5 のように、工学的・建築環境、技術的 (適応策)、生態系ベース (適応策)、サービス、教育的（適応策）、情報的（適応策）、行動的（適応策）、経済的（適応策）、法規、政府・政策という小分類を設けた（表5）。

　クロックとヌンは大きな課題として、これらの適応策について最終的に成功したのか、どういう結果をもたらしたのかという、プロジェクト評価が行われてこなかったことを指摘した。そのため三分類のうち、どれが優れているかといったことには言及していない。ただし、分野をまたいでのコミュニティ主体

17　National Communication

18　気候変動シナリオ策定、影響／脆弱性評価、適応調査、概念的方法（ツール）、利害関係者のネットワーク、政策提言

表5　文書化された適応策の例

大分類	小分類	例
構造的／物理的	工学的・建築環境	防潮堤とその他の沿岸保護（ミクロネシア連邦コモロにおける例）、建築基準（ジャマイカで強風に耐える屋根補修）
	技術的	水の貯蔵と保全（クック諸島やソロモン諸島における雨水利用）
	生態系ベース	マングローブなどの（再）植生化（ガイアナやフィジーにおける例）
	サービス	該当なし
社会的	教育的	啓発活動（サモアにおけるワークショップやバハマにおける映像コンクール）
	情報的	沿岸管理ツール（キリバスで海岸変化を予知するための計算機）
	行動的	漁撈や農耕など生計活動における変化（ジャマイカにおいて耐性品種への切り替えやアンギラにおける対象魚の変化）、世帯の備え（東ティモールやツバルにおいて熱帯低気圧に備えた食料の備蓄）
制度的	経済的	保険制度（カリブ）
	法規	保護区（セイシェルの国立公園）、慣習によるアクセス制限地域（マーシャル諸島）
	政策・政府計画	国家計画やそのフレームワークにおいて気候変動のことが主流になる（セイシェル、サモア）

Klöck and Nunn［2019］より筆者作成（各事例の出典は、同論文を参照のこと）

適応策[19]プロジェクトには、良い結果が見込まれるとした。コミュニティ主体とは、地元住民が主体的・自律的に何かを行うことであり、あらゆる段階において、地元住人が意思決定に参加するものをいう。なお、オセアニアで環境を開発するとか保護するとかいうときには、コミュニティ主体でなければうまくいかない場合が多い。というのも、オセアニアの小島嶼国は政府が土地に及ぼす権限が弱く、また財政も脆弱であるからである。さらに、ソロモン諸島などでは、土地は個人所有ではなく、祖先を同じくする集団が所有するようになっており、その集団全体の同意がなくしては、開発も保護もできない［古澤2009］。それは気候変動の対策をとるために土地を利用するにしても同様なのである。
　そのコミュニティ主体適応策についてレビューしたものにカレン・マクナマラ

19　Community-based adaptation。英語の community-based は、「コミュニティ（地域）密着型」とか「コミュニティ（地域）主体型」と訳されることもある。

表6　マクナマラらによる適応策の成功要素の定義

適応策の成功要素	定義
適正性 Appropriateness（正当性 Legitimacy や関連性 Relevance に類似）	地域の文脈、優先事項、文化的・社会的理念の観点におけるプロジェクトの全体的な適切性とそれに関連した取り組みの適合性
有効性 Effectiveness	取り組みが意図した目標を達成した度合いであり、介入から直接もたらされた成果、資本的財とサービスを含む
公平性 Equity	地域内の全員、特に社会から疎外されている人々のための、取り組みの包摂と利益
影響 Impact	ポジティブなものであるかネガティブなものであるかに関わらず、取り組みの広い意味での直接的または間接的、意図的または非意図的な、長期的な影響
持続可能性 Sustainability	プロジェクト活動期間後もその取り組みが維持される度合いでありと最初の投入が停止したあとにプロセスが継続した度合い

McNamara et al.［2020］を元に筆者作成

とパトリック・ヌンらによるものがある［McNamara et al. 2020］。これは適応策の結果について、評価を試みた数少ない研究である。この研究チームの方法は、20 地域における 32 のプロジェクトについて、各地で男性グループ、女性グループ、男女グループ、若手グループなどのグループごとに議論をしてもらった。人々の意見を集約するフォーカスグループディスカッションという調査法である。

　マクナマラらは、成功をおなじ基準で評価するために、有効性、適正性、公平性、影響、持続可能性という五つの軸を用いた（表6）。まず有効性は、いうまでもなく何らかの事業が行われた場合に、それが目標どおりの結果を出したかどうかである。

　しかし、気候に対するレジリエントな開発という視点かつコミュニティ主体となると、有効性だけではなく他の評価基準も考慮しなければならない［Adger, Arnell et al. 2005］。そこで適正性はその地域に合った事業であったかを、地元の人々に判断してもらうものであり、それが地域社会に受け入れられ、文化の一部になりうるかが重要である。

　続く公平性は、真にコミュニティ主体であるかが問題とされる。しばしば、政府など外部主導でもちこまれた適応策は、地域の有力者など一部の人々の意見によって実施されがちで、地域の弱者（貧困状態にある女性など）の意見が見落とされてきたためである［Dodman and Mitlin 2013, Buggy and McNamara 2016］。マクナマラらは、コミュニティを単に地理的な塊とはみなせないことも指摘している。

　影響とは、所定の目的以外にもたらされた副次的な影響についてである。適

応策は将来を見越して対策をするが、もし仮に想定したような気候変動が起こらなかったとしても、「後悔のない（no-regrets）[Remling and Veitayaki 2016]」、もしくは「一石二鳥の（win-win）」[三村・横木 1998] の政策が望ましい。たとえば適応策事業自体が貧困削減 [Heltberg et al. 2012] に繋がるものが挙げられる。

　最後に、持続可能性は事業終了後も存続できるようになっているかである。オセアニア島嶼におけるコミュニティ主体適応策は、財源が限られており 3 年程度の時限つきが多いため、その後も独自にあるいは何らかの財源によって続けられるかが考慮されなければならない。

　マクナマラらの結果は、コミュニティ主体適応策のほとんどは適正性が高い一方、持続可能性はどこでも課題であることを示した。公平性が高い取り組みは、コミュニティを 1 村に限定せずに島にある全コミュニティが同じく責任をもち、同じく利益を得られるようにしたものや、居住する場所や社会的立場に関係なく訓練を受けられるようにしたものなどが挙げられた。

　また、気候変動への対処に関わらず生活環境や経済活動を向上させるコベネフィットのあったものの評価が高かった。例えば水問題への対処が衛生状態の改善をした事例や、飲料水を購入する必要がなくなった事例は、ひいては健康やウェルビーイングの向上になった。また生態系ベース適応策[20]という、生態系の活用を通じた適応策があり、たとえば海洋生態系の保護が、漁業における漁獲増加や、観光業への好影響をもたらした。

　一方、うまくいかなかった取り組みは、実施してみたものの、所定の目標どおりの成果がでなかったものが多かった。また、地域の要望を反映して始めたとしても、実施にあたって十分に地元の NGO などの関係者と話し合いができておらず、うまくいかなかったものもあった。土地所有権が複雑であることから実施できなかったり、土地所有者の了解が得られなかったりした場合もあった。その他海岸に防潮堤を築くことが、結果として防潮堤より内側に水をためることになるため地元が同意しなかった場合や、人間の人糞を肥料に再利用することの理解が得られなった場合が挙げられた。

　これらを通して、結論として、事業を最適化するための四つの点が示された。(1) 地元の承認と所有権、(2) 取り組みへのアクセスと利益の共有（公正かつ衡平な配分）、(3) 地元の現実を取り入れること、(4) システム思考[21]と将来計画、であ

20　Ecosystem-based adaptation: EbA

21　システム思考とは、解決すべき問題・事象がさまざまな要素で構成されており、しかも

る。マクナマラらの研究は、適応策が地域によって主導され、地域社会の人々自身が課題を推進するものであり、ドナーや実施者は地域社会の多様な能力を活用して目標が達成されるのを助ける役割に徹するよう、実践的な転換が必要であるとまとめた［McNamara et al. 2020］。

3. 本書における類型化

　本ブックレットでは、地域社会がどのように将来のシナリオを選択していくか、つまり人々自身がどう行動していくか、という観点から適応策をまとめる。これは、マクナマラらの研究にあったように、オセアニア島嶼ではコミュニティ主体適応策が主要な適応策になるためである。
　また大分類として、生態系に働きかけるもの、工学的な技術によるもの、移住やそれに関するものにわけた。これはドルストの分類を通して、撤退するかそこに残るかで、適応策が大きく異なることがわかったためである。そして残る場合には、南太平洋大学の報告書にあるように、構造物をつくるか、そうでないかで大きく異なるためである。クロックとヌンの研究で取り上げられた国の政策や制度は、コミュニティ自身によって決めることが困難な場合が多いため、ここでは除いている。
　それ以上に細かな点については、クロックとヌンや、マクナマラらの研究を参考にしつつも、独自の分類を行った。その際に、オセアニアの文脈に基づいた分類にもしている。
　こうしてできた分類は表7のようになる。以下にそれぞれについて説明をする。

生態学的適応
　適応策の中には、生態系にそなわった機能や生態系サービスに基づき、その機能やサービスを活かしたものがある。ここでは生態学的適応策として分類する。これらは生態系ベース適応策（EbA）と言われるものに似ている。
　オセアニア島嶼部で危惧される、浸水や浸食も含む、沿岸洪水を防ぐための適応策に、海岸植生化つまり海岸の植林がある。マングローブは淡水と海水のまざる汽水域に広がり、熱帯河川の河口部に広がることが多いが、オセアニア島嶼では河口部に限らず、ラグーンに面した海岸部に広がることがある。マン

それらの複数な要素が相互に関係しているという前提に立ち、それら全体を一つのシステムとみなして体系的に分析する技法である。

グローブの防災効果は以前から注目されており、たとえば地震による津波が発生したときに、マングローブが波の勢いを抑えて集落を守ったことが報告されてきた［鈴木ほか 2007］。

実例として、政府間機関である太平洋地域環境プログラム事務局（SPREP）は、EU出資のプロジェクトとしてパプアニューギニア・ガルフ州のカラマ村でマングローブ植林事業を行っている。海岸線の後退、河岸の侵食、堆積による河道の寸断、低平地の浸水および洪水などが、人口過密化などともあいまって自然生態系の利用と回復のサイクルに影響をもたらした。マングローブ植林は、植生により海岸を保護すると同時に、マングローブに生息する海洋生物を涵養することで、食料と水の安全保障を達成することを狙うものである［Secretariat of the Pacific Regional Environment Programme 2020］。

パプアニューギニア政府は、アジア開発銀行の支援をうけて『コミュニティ主体マングローブ植林ハンドブック（拙訳）』というものを発行した［Zhongming et al. 2018］。植林計画の立案、場所の準備、苗木栽培から植え付け、成長の観察と人への訓練、財源確保といった包括的な内容であり、マングローブに生える各樹種の解説や、実施にあたっての具体的なチェックリスト、政府やNGOの連絡先も掲載されている。マングローブ植林は、沿岸洪水を防ぐためだけでなく、エコツーリズム[22]を促進したり、海洋生物の産卵場所になったりするコベネフィットにもつながる。

マングローブ以外の海岸植生化の例として、サモアではココヤシ（*Cocos nucifera*）やモモタマナ（*Terminalia catappa*）が海岸に植えられており、安価な適応方法だと考えられている［Crichton and Esteban 2018］。

続いての適応策分類は、内地植林である。ミクロネシア連邦の実例として、雨季の降雨時に発生する地滑りと、それから水源地を守るために植林をしたものである［McNamara et al. 2020］。植林は森林再生を促進するだけでなく、土壌水分保持に貢献する。これは気候変動緩和策としての森林減少・森林劣化の抑制事業に貢献することも期待される。ただし植林は経済活動でもあり、輸出のための意図もある［古澤 2021］。

海域での適応策に、海洋保護区を設定するものがある。ミクロネシア連邦で行われた例は、貝の養殖や養豚技術という経済手段を提供する一方で、魚類資

22　エコツーリズムとは地域の自然環境や伝統文化・暮らしを観光資源とすることで、その資源の価値への意識を高め、保全と経済とを両立させようとする観光事業を指す。

オセアニアの気候変動と適応策

表7　本ブックレットによる適応策の類型化

類型		活動
生態学 Ecological		海岸植生化　Planting coastal vegetation
		植林（内地植林）Inland reforestation
		海洋保護区 Marine protected area
		侵略種の除去 Removal of invasive species
工学的 Engineering	土木・建築工学 Civil/Architecture	土地かさ上げ（在来・グローバル）Raising land
		防潮堤（在来・グローバル）Seawall
		石垣（在来）Stone wall
		伝統的建築技術（在来）Traditional construction techniques
		給水ライン（グローバル）Water supply line
	機械工学 Mechanical	雨水利用（在来・グローバル）Rainwater harvesting
		水資源保全（在来・グローバル）Water conservation
		RO 脱塩（グローバル）RO desalination
	農漁業技術 Agricultural/Fisheries	伝統農業（在来）Traditional agriculture
		農業・漁業インフラ（グローバル） Agriculture/fisheries Infrastructure
		堆肥トイレ（グローバル）Composting toilet
	情報通信技術 Information	天気予報・防災警報（在来・グローバル） Weather forecasting/disaster warning
移住等 Migratory		送金 Remittances
		内陸移住 Inland migration
		国内移住 Intranational migration
		太平洋内移住 Intra-Pacific migration
		国際移住 International migration

源の保護区を作るというものであった［McNamara et al. 2020］。これは気候変動にともなう海洋生態系劣化を心配する地元の需要とも一致した。海洋保護区は、気候変動適応策の取り組みが進む前から、オセアニア島嶼部各地で行われてきた。それは本来、漁撈社会が人口増加や市場経済化に直面したとき、将来に資源と良好な海洋生態系を残すことが目的であった［Aswani et al. 2007］。

　別例では、沖縄で「海ぶどう」ともいわれる海藻クビレズタの近縁種（*Caulerpa* spp.）についての、サモアやキリバスの取り組みがある。食物繊維、ビタミンA、鉄、カルシウムなどの栄養素を豊富に含む食用海草類は、現在、太平洋全域で

例
Zhongming et al. 2018、Secretariat of the Pacific Regional Environment Programme 2020、Crichton and Esteban 2018、Nunn et al. 2017
McNamara et al. 2020
McNamara et al. 2020、Aswani et al. 2007、Butcher et al. 2020
McNamara et al. 2020
Nunn 2009、Nunn et al. 2017、Lister and Muk-Pavic 2015
Monnereau and Abraham 2013、McNamara et al. 2020
Nunn et al. 2017
Nunn and Campbell 2020
McNamara et al. 2020
MacDonald et al. 2020、McNamara et al. 2020、Pacific-American Climate Fund 2017
MacDonald et al. 2020、McNamara et al. 2020
Freshwater and Talagi 2018、MacDonald et al. 2020
Pacific-American Climate Fund 2018、Kurashima et al. 2019
McNamara et al. 2020、Pacific-American Climate Fund 2016、Bell, Sharp et al. 2019、Pacific-American Climate Fund 2016
Leney 2017、McNamara et al. 2020
McNamara et al. 2020、Donner and Webber 2014、Pacific-American Climate Fund 2019
Campbell and Warrick 2014
Leal Filho et al. 2020、Martin et al. 2018
Larson, 1970、Haines et al. 2014、Pacific-American Climate Fund 2017、McNamara et al. 2020
McAdam 2013、風間 2022
Walker, B. 2017、Bordner et al. 2020、Ministry of Economy Republic of Fiji 2018、Vanuatu National Disaster Management Office 2018

　食されており、地元での栽培や輸出市場の可能性を秘めている。気候変動によっ
て他の地域の食料源が脅かされる中、太平洋地域の食生活や生計を満たすのに
役立つかもしれない［Butcher et al. 2020］。
　もう一つ海域での適応策は、侵略種（侵略的外来種）の除去である。ヴァヌア
ツでは、サンゴ礁を食いあらすオニヒトデの除去がおこなわれた［McNamara et al.
2020］。オニヒトデはもともとインド太平洋の広く分布するが、数年に一度大発
生する。大発生のタイミングには諸説あるが、気候変動と関連する可能性もある。
　以上、生態学的適応は気候リスクに対処するために、自然の生息地を利用、

写真4　2007年ソロモン諸島沖地震・津波によりマングローブが枯死した様子
マングローブのおかげで内陸への影響は抑えられた
（ソロモン諸島ウェスタン州ギゾ島、古澤拓郎撮影）

強化、回復しようとする行動である。このような行動には、地元の関係者のほうが、世界的に認められている標準よりも有利な方法を知っていることもあるため、民間や伝統の知識を利用することができる。そして既存の生態系システムの有効性を高めるために、国際的な研究も活用される。

工学的適応

　続いては、人間が開発した技術や装置を利用するもので、これを工学的適応として分類する。このような技術は、土木工学や建築学によるもの、機械工学技術によるもの、農漁業技術によるもの、情報通信技術によるものに分けられる。また、工学的技術には欧米で開発された近代的なものだけでなく、オセアニア島嶼部各地の文化や伝統的に用いられてきたものもある。そのため、近代的で地球規模で普及した技術（グローバル技術）と、各地がもともと持っていた在来技術とを分けて考える。

　最初に、土木・建築技術による、土地かさ上げを取り上げる。実はいまでいう海面上昇が起こる以前でも、オセアニア島嶼の人々は、満潮を干潮という潮汐の上下を毎日経験しており、さらに熱帯低気圧による高潮にも遭遇してきた。海岸に石を積んでその上に家屋を立てることは広くみられるし、ソロモン諸島のラグーンでは浅瀬の上に石積みの島を作った人工島が景観の一部をなす。

　ミクロネシア連邦ポンペイ島のナンマトル（ナンマドール）遺跡は、巨大な石積み建築の遺跡として有名である［Nunn 2009］。人工島群であり、オセアニア最大の考古遺跡ともいわれ、2016年のユネスコの世界遺産にも指定された。考古

写真 5　ナンマトル遺跡のナントワス島
（片岡修氏提供、国立民族学博物館所蔵）

学的調査によれば、これらの人工島は西暦 500 年ころに作られ始めたが、西暦
1000 年〜 1500 年ころに、巨大構造物が多数建築されたとみられている。西暦
1100 年ころから 1250 年ころまでは、太陽の極大期によって引き起こされた「中
世の温暖期」に該当し、特に温暖であったとされ、遺跡の高さはその時々の海
面水位に連動しているといわれる。14 世紀半ばからの小氷期には、再び海面が
下がったため、石積は海に向かって進出した。このように温暖化による海面上
昇時には垂直的に、その後の寒冷化期の海面下降時には水平方向に、石積みが
大きく発達したとされる［Nunn et al. 2017］。

　ヤップ島の伝統的な「男の家」であるファルウ（faluw）も土地かさ上げの例で
ある。海岸部や、土手道でつながれた浅瀬の上につくられ、大きなものでは 3
層もの石垣の上につくられたものもある［Nunn et al. 2017］

　現在の海面上昇は、中世よりも急激に進んでいるため、かつての工法では対
応できない例が増えている。一方、人工島のようなアイデアは、グローバル技
術でも提案されている。たとえばキリバスでは、環礁内に居住地や商業地など
に分けた六角形のメガフロートを浮かべ、そこには様々な環境技術を取り入れ
てデザインすることで、持続可能な開発に資する人工島を作るという工学的な
案もある［Lister and Muk-Pavic 2015］。

　次の適応は、汀線部に暮らす人々が在来技術で作ってきた防潮堤がある。海
岸浸食から島と生活を守るために、海岸線に石を積み重ねるものである。土地
全体をかさ上げするよりは、小労力であり、広く用いられてきた。ただし、手
作りの防潮堤は潮位が高い時に破壊されたり、高潮時にはそれを乗り越えた海
水が防潮堤内に溜まったりなどの被害もある［Monnereau and Abraham 2013］。

写真6　住民の手による石積み防潮堤
（ソロモン諸島テモツ州ンガロ島、古澤拓郎撮影）

　グローバル技術による防潮堤が構築される場合もある［McNamara et al. 2020］。このような防潮堤は、非常に高価であるうえ、メンテナンスと更新が必要である。高潮などの災害を抑えることができるが、気候変動に伴い災害が大きくなればなるほど、より巨大で高価な防潮堤が必要になる。また住民の生活にとって邪魔になったり、景観を損なうこともある［Crichton and Esteban 2018］。

　防潮堤と似た適応に、石垣の在来技術がある。石道防壁は、道の両側に石垣を作るものであるが、そうすることで望まない形でマングローブが過度に内陸まで侵入してくることを食い止め、農地を守る例がある［Nunn et al. 2017］。

　伝統的な家屋建築技術も適応として見直されている。オセアニア島嶼部の伝統家屋は、構造がシンプルであり、しかも一時的なものという特徴があるという［Nunn and Campbell 2020］。例えばサモアの建築では、あえて壁を無くすことで、熱帯低気圧による風圧を逃すようになっている。それから、いつでも移動したり、災害によって破壊されてもすぐに復旧できる。現代的な建築は、熱帯低気圧などで破壊されたときに修復に費用がかかるし、例えばトタン屋根が吹き飛ばされたときに危険であったりする［Nunn and Campbell 2020］。伝統的建築は、まさに災害へのレジリエンスの一種を備えているのである。

　水問題への土木工学的な適応として、給水ラインがある。これはグローバル技術によるものである［McNamara et al. 2020］。これが可能なのは、火山性の大きな島で、小規模ながらも湧き水や川水を貯蓄できる場所に限られる。

　機械工学によるものは、いずれも水問題への適応である。雨水の利用は、在来の技術によって行われてきたし、現代技術も導入されている。マーシャル諸島の伝統的な雨水利用はマムマク *mammak*（もしくはエムマク *emmak*）と呼ばれる

写真7　ソロモン諸島の雨水タンク
（ソロモン諸島ウェスタン州ニュージョージア島、古澤拓郎撮影）

[MacDonald et al. 2020]。これはヤシの木の根元をくりぬいてお碗状にしておき、ヤシの葉に吸い寄せられた雨水が、幹に刻まれた溝を伝ってその根元に溜まるようにしたものである［MacDonald et al. 2020］。人々は植物の茎を利用したストローで水を吸うように飲み、手で水源を汚染しないようにしているという。

　雨水利用のために、グローバル技術では雨水タンクが多くの地域で導入されている。各家庭でタンクをもっている場合もあり、それは主に飲用・調理用に用いられる［Furusawa et al. 2008］。適応の取り組みとして、雨水タンクが導入される例は多いが、数が足りないことが、しばしば問題になる［McNamara et al. 2020］。

　また「雨水バッグ」というものもある。2004年に巨大台風の被害をうけたミクロネシア連邦の遠隔小島の人々は、政府の仲介でヤップ島に居住地が提供されたが、その居住地は土地が荒廃し水源も枯渇していた。そこで、「ボブバッグ」と呼ばれる雨水バッグを、農業に利用した［Pacific-American Climate Fund 2017］。これはバッグ一つで1400リットルもの水をためることができる。

　伝統的に行われてきた水資源の保全も適応の可能性を持っている。マーシャルでは、かつて人々は塩水で水浴びをし、上述のマムマクは身体の塩気を洗い落とすためだけに用いたといわれる［MacDonald et al. 2020］。一方現代的な観点から、水資源に関する意識向上や、水利用日記をつける試みがヴァヌアツで行われたが、あまり続かなかった［McNamara et al. 2020］。

　水問題の最後は、逆浸透膜（RO）の技術を用いて海水から淡水を得る脱塩処理システムである［Freshwater and Talagi 2018］。マーシャル諸島の首都マジュロでは、公共のものだけでなく個人所有のものもあり、干ばつ時の重要な水源となっている［MacDonald et al. 2020］。オセアニア小島嶼国は、ちいさな島が散在しているた

めに、どこかに大きな浄水場を作って、国中にいきわたらせるということができないのである。

　続いて農漁業技術である。伝統農業を再活性化することも、在来技術で可能な適応である［Kurashima et al. 2019］。たとえば、パラオ共和国では生活の近代化や食料輸入への依存によって、放棄された農地が増えたが、そこでの伝統的タロイモ栽培を再開することは、土地の保全や流域管理に寄与し、最終的には侵食を防いだり、水の安全を確保したりすることに役立つ［Pacific-American Climate Fund 2018］。

　現代的な技術による農業・漁業インフラストライクチャーもある。これは自家消費する食料確保のための場合と、販売して収入を得る手段を確保するためのものがある。前者としては、食品乾燥機を導入して保存を可能にしたもの、後者では養蜂の導入や、養豚場の経営が挙げられる［McNamara et al. 2020］。また、これらの地域の在来農業においては化学肥料や農薬が用いられることはなかったが、サモアではそれを活かした有機農業のトレーニングが行われた［Pacific-American Climate Fund 2016］。

　現代漁業の導入もある。人口増加と気候変動により沿岸漁業への圧力が高まる中、太平洋地域では、食事に含まれる魚の割当量を満たすために、地元産のツナ缶製造が選択肢の一つとして考えられる［Bell et al. 2019］[23]。現地での供給を拡大するために、各国政府は、現地缶詰工場の競争力を高め、現地缶詰工場がマグロを十分に入手できるようにし、内陸部での缶詰へのアクセスを改善する。これにより、気候変動の不確実性や災害に対する耐性を高め、同時にリーフフィッシュへの圧力も下げることができる［Bell et al. 2019］。

　またマーシャル諸島では、ナンヨウアゴナシ（*Polydactylus sexfilis*）の養殖が導入され、食用に輸出が検討されている他、養殖場ででる副産物を餌とする小規模養殖のトレーニングをしている［Pacific-American Climate Fund 2016］。ほかに、ミクロネシア連邦では、観賞魚の養殖も試みられている［Pacific-American Climate Fund 2016］。

　堆肥トイレも一つの適応策であり、糞便を流す水が不要になる上に、それを肥料にできるという、いくつもの効果が期待される［Leney and Pacific Reef Savers Ltd

---

23　ツナ缶の一人当たりの年間平均消費量が最も多いのはフィジーとソロモン諸島で、それぞれ 8.8kg と 5.9kg である。また、ソロモン諸島ではすでに 91％と高い割合で現地産のツナ缶が使用されている。ツナ缶は冷蔵せずに長期保存が可能なため、PNG、ソロモン諸島、フィジーの内陸部に住む人々にとって有力な候補となる［Bell et al. 2019］。

2017]。しかし臭いなどの問題や、共同の場合は責任があいまいになり、長続きしないことも多い［McNamara et al. 2020］。

　情報通信技術が取り入れられた適応としては、ヴァヌアツで導入された気象予報システム［McNamara et al. 2020］や、キリバスの潮位予測ツール［Donner and Webber 2014］、ソロモン諸島の津波早期警報システムなどが挙げられる。パプアニューギニアのサバナ気候帯では、もともと乾季には林野火災が起こっていたため、住民は伝統的にそれに備える技術を持っていたが、気候変動とくにエルニーニョ現象により、周期や時期が変化してきている。そこで、現代のエルニーニョ予測を提供することで、地域社会がそれに適応するような支援も行われた［Pacific-American Climate Fund 2019］。

移住等

　最後は、そこに住み続けることをやめるという適応策である。いままで暮らしていたところから撤退するということが、適応であるのかは議論の余地があるが、実はオセアニア島嶼部ではこのような移住や移動・出稼ぎは、歴史的に行われてきたことでもある。

　オセアニア小島嶼国家のうち、特に国土面積が小さいミクロネシアやポリネシアの国々は MIRAB（ミラブ）国家と呼ばれることがある。これは移住（migration）、送金（remittance）、援助（aid）、公務員（bureaucracy）が、国の主要な経済活動になっていることを指す。すなわち、国内に市場経済的な産業や雇用があまりないため、先進国から援助をうけることで発展をし、国家公務員を増やすことで雇用を安定させ、そこで雇用されなかった人たちは海外に職をもとめて移住し、残った人は移住者からの送金を得ている。たとえばアメリカ内務省から独立したミクロネシア連邦、マーシャル諸島、パラオ共和国は、独立時にアメリカと自由連合盟約（通称「コンパクト」）を締結し、防衛、外交、経済をアメリカに大きく依存している［黒崎 2009］。アメリカ CIA が推計して公表している純移動率（その国に移動してくる人の数から、その国から他国に移動していく人の数を引いた、年間の率）では、アメリカ領サモア 1000 人当たり − 29.8 人、ミクロネシア連邦同 − 20.9 人、トンガ同 − 18.0 人となっている［Central Intelligence Agency 2022］。

　災害に伴う出稼ぎと送金の例として、ニウエではサイクロン「ヘタ」に襲われた後、島外への大規模な移住が行われた。島を離れた人々は、主に男性であった。島に残った男女は同じく経済的に活動するようになったが、島には肉体的労働力が著しく少なくなった。とはいえ太平洋地域の多くのコミュニティ（特に

トンガとサモア）は、地域から移住した人からの送金に頼っており、送金は労働力不足と相殺するのに役立つことがある。移住は資源を求めて、災害から逃れるために、そして災害リスクをお互いに軽減するための社会的絆の島間ネットワークとして、長い間利用されてきた。しかし、これは出稼ぎに出ている人たちに独特のプレッシャーを与える［Campbell and Warrick 2014］。

　続いては、住民がほぼ全員移住する場合である。そのうち内陸移住は、海岸近くにある集落を、内陸に移すことである。フィジーのヴニドゴロア村は、潮汐により浸水が起こるようになったため、2km ほど内陸へと移動し、デニマヌ村は、熱帯低気圧「エヴァン」により破壊されたため、脆弱な世帯が 500m ほど移動した［Martin et al. 2018］。ソロモン諸島ラノンガ島では、2004 年に発生した地震により大規模な斜面崩壊が発生し、集落の三分の一以上が失われたモンド村は、一時的に島の山間地にある農地へと避難したが、そのまま住民の80% は元の集落地に戻ることはなく、新しい村としてケイゴールド村を作った［Leal Filho et al. 2020］。

　国内で、住み慣れた土地を離れて、他の島に移住する国内移住もある。ソロモン諸島のティコピア島は小さな面積ながら人口密度が高く、20 世紀半ばからは、一部住民を他島に移住させている［Larson 1970］。また、ソロモン諸島チョイスル州は州都タロが海面上昇にさらされているとして、チョイスル島への移転計画を立てている［Haines et al. 2014］。ミクロネシア連邦でも、雨水利用のところで取り上げたヤップ島の例がある［Pacific-American Climate Fund 2017; McNamara et al. 2020］。

　それから太平洋内移住と呼ぶべき適応策がある。いまでは国が違うが、植民地時代にその領内で移住が行われた。太平洋内であるため、ある程度環境や文化に類似性があるものの、移住する人々にとっては大きな変化を伴う移住であった。現在のキリバスからは、さまざまな移民が行われた。その中でも、バナバ島民の移住は、半強制的に行われたものとして知られる。リン鉱石が豊富であったため、宗主国であったイギリスの企業が資源開発をし、第二次世界大戦後イギリス政府は発掘を進めるために、全島民を 2000 キロも離れたフィジーのランビ島に移住させた。ランビ島は農地こそあったが、移住した人々は当初、必要な資材もなく、生活に苦しみ、また故郷が発掘により荒廃していったことを知った［McAdam 2013, 風間 2022］。

　最後に、国民を他国に永住させる政策については、計画はあっても国規模で実施された例はまだない。キリバスは段階的な国際移住の具体的な計画を作

写真 8　全島民移住計画のあるタロ島にある州議会と州知事庁舎
（ソロモン諸島チョイスル州タロ島、古澤拓郎撮影）

り［Walker 2017］、2014 年に当時のキリバス大統領であったアノテ・トンが行っ
た演説で用いられた「尊厳とともの移住（Migration with Dignity）」という概念は、
オセアニアにとどまらず、国際移住についてのキーワードとなった［McClain et al.
2022］。しかしこの構想が実現されることはなかった。

　フィジーとヴァヌアツは、それぞれ『計画移転ガイドライン：気候変動に
関連した移転に取り組むためのフレームワーク』［Ministry of Economy Republic of Fiji
2018］と『ヴァヌアツ：気候変動と災害に伴う移住についての国家政策』［Vanuatu
National Disaster Management Office 2018］という文書で、あくまで最終手段としながら
も移転の可能性について政策検討をしている。しかし、環礁国の人々にとって
みれば、島を離れることは、その島と不可分に結ばれていた彼らの文化を完全
に喪失してしまうことと同義である。国際社会はときどき移民が不可避である
と考えているが、当事者はそうとは考えておらず、たとえばマーシャル諸島は
そのような考えは国家主権への侵害であるとみなしている［Bordner et al. 2020］。

第3章　事例からみたシナリオ

古澤拓郎　石森大知　土谷ちひろ
飯田晶子　デイビット・メイソン

1.　事例集とは

　これまでの章で気候変動に関する国際的な動きやオセアニア島嶼部における
適応策の実情を解説した。続くこの章では、気候変動や適応策が、実際にオセ
アニア島嶼部の人々にどのような影響を及ぼしたのかを、短いストーリーによ
る事例として網羅する。専門は人類生態学、文化人類学、緑地計画学、公衆衛
生学など多岐にわたる。事例には、前章で適応策として取り上げた例が、その
後どのような結果になったかも含む。

2.　海面上昇と適応策

　まずはオセアニアにおける気候変動の象徴的な例である、海面上昇とそれへ
の適応策について、その背景や、変化がわかる事例を紹介する。

（事例1）「浸水被害と住居建設をめぐる一考察」石森大知

　国・地域：ツバル・フナフチ環礁
　出典：深山・石森［2010］、住民への聞き取り

　ツバルの国土は主に平均海抜の低い環礁島から構成されており、海面上昇に起因す
る水没や浸水、浸食、塩害などの災害を被る可能性が高いと指摘されてきた。首都が
所在するフナフチ環礁フォンガファレ島もその例外ではなく、内陸部においても海抜
が低いために高潮のさいには浸水被害を起こすエリアが存在する。このことはかつて
からフナフチ環礁に居住してきた人々の間でも認識され、そのようなエリアは住居を
建てるのにふさわしくない土地と考えられてきた。しかし、1978年の国家独立の前後

以降、フナフチ環礁の人口は急激に増加しており、それまで住居を建てるのにふさわしくないと考えられてきた土地にも人々は住居を建てるようになった。

　このようにして近年に建てられた住居は、マスメディア等の報道の仕方によっては（かつてであれば沼地や水たまりであった風景が）「居住地が浸水している」風景として切り取られ、ツバルの環境に関する言説をサポートするものになっている。しかし、当の住民にとってそれは以前から考えられてきたリスクであり、想定の範囲内である場合も少なくない。それを裏付けるように、いわばふさわしくない土地に住民が家を建てる場合には、高床の住宅や住居建設にサンゴ礫を敷き詰めて地盤を強化するということが行われている。

（事例2）「海面上昇への対応」石森大知

　　国・地域：ソロモン諸島・マライタ島東クワイオ
　　出典：Asugeni et al.［2019］

　ソロモン諸島マライタ島東クワイオでは、海面上昇および高潮などの影響により、村落間や耕地への移動だけではなく、医療施設、学校、コミュニティレベルのマーケットへのアクセスにも大きな支障をきたしている。そのような状況下、東クワイオのアビトナ村（人口約200人）と近隣のワイフォロンガ村（同じく人口約200人）では、地方および中央政府やNGOなど外部からの資金・資材の提供を受けることなく、二つの村落が協働して「橋（高架歩道）」を建設するというプロジェクトが実施された。

　プロジェクト以前から、二つの村は海岸部のマングローブの森に丸太を並べただけの初歩的な通路でつながっており、両村の子どもたちはそれを利用して一つの小学校に通っていた。また、この地域で唯一の医療施設であるアトイフィ病院や、毎週開かれる果物や野菜のマーケットへのアクセスにおいても通路は欠かせない。しかし、海面上昇の影響もあって満潮時にはとくにアビトナ村において浸水被害がひどくなり、この通路の使用（とくに妊婦や病人がアトイフィ病院に行くとき、子どもたちが小学校に通うとき、大きく重い荷物をもって耕地から戻ってきたときなど）に大きな問題が生じていた。

　このような状況の中、二つの村落に住むアトイフィ病院の職員とその家族が集まり、状況改善に向けて話し合いが行われた。そのなかで既存の初歩的な通路に代わる「橋」を建設するという案が出され、周辺村落の住民および2つの村落の村長にも伝えられた。その後、この案について村落内でも熱心に話し合われた。自分たちの手による「橋」建設の実現に向けてやや議論はあったものの、最終的にこの案は

賛成されるとともに、定期的な収入がある村の住民（主に病院で働いている住民）が一人当たり約15米ドルを寄付することで同意に至った。使用する木材は土地所有者の家族から提供され、建設にかかわる労働力は地元住民のボランティアで行われることとなった。

「橋」は約1年がかりで完成した。「橋」の建設作業はすべてコミュニティのボランティアであるため、その平等性にも配慮しつつ慎重な調整が必要であったが、「橋」が形になるにつれて完成への意欲が高まり、作業に割かれる時間も増加した。「橋」は長さ300mで、地中に埋められた木材の柱のうえに板材をつなぎ、人ひとりが歩ける幅のものとなった。「橋」の設計には、村の年配者たちの伝統的な知恵が活かされている。マングローブに生育する特殊な木を使うこと、年に数回、海水が橋を覆うように水辺に橋を架けることを、年配者たちは若い労働者に指示した。そうすれば材木の強度が保たれ、「橋」は長期的な使用に耐えられるという。完成後、村人たちの評判は上々であるが、改善点としては「橋」の幅が狭いこと、滑りやすいことなどの意見が出されている。

以上のような東クワイオの事例は、地域コミュニティが自らの問題を理解し、自らの手で具体的な解決策を案出し、そして自らが外部の支援を受けることなくその解決に向けて取り組むというものである。そのさいにリーダーシップが重要となるが、地域の病院スタッフが中心になって住民に働きかけを行った点は注目されよう。

（事例3）「津波警報システムの社会影響」古澤拓郎

国・地域：ソロモン諸島タロ島
出典：Haines et al. [2014]、地元行政関係者、住民への聞き取り（未公表データ）

2014年8月にソロモン諸島チョイスル州のタロ島で、海面上昇による水没から逃れるために、全住民を別の島に移す計画が報じられた。タロ島は州都であるが、0.4km²の島に500人程度が暮らす小さな町である。

タロには津波情報が早急に伝達されるシステムも導入された。島は海抜が低く、津波が来た場合には全島水没する可能性があるため、同地に到達する可能性のある津波が発生した場合、早急に対岸のチョイスル島へと避難する必要があるためである。これにより津波被害が緩和されることが期待された。

津波情報がでると州知事から避難指示が出され、行政・警察・民間が協力して島中のボートと燃料を使って、全島民が避難する。これが深夜に行われることもある。しかし、津波情報がきても、太平洋の遠い場所で起こった地震であったりして、タロ島民が体感するほどの潮位変化が起こらないことばかりである。かといって、万

が一のことを考えると、毎回避難行動を取らざるを得ない。

　住民の間からは、「危険な時だけ知らせて欲しい」、「何も起こらないのに、真夜中にたたき起こされて避難するのは大変だ」、「この警報システムはないほうが良かった」といった声すら漏れる。

（事例4）「村の海面上昇」　古澤拓郎

　国・地域：ソロモン諸島・ウェスタン州ロヴィアナ
　出典：現地観察・聞き取り

　ソロモン諸島ウェスタン州ロヴィアナの住人によると、2020年頃から急激に海面上昇が進んだという。正確な潮位の記録はないが、このような住人の認識は、報告者の認識とも一致する。

　報告者はある村で2001年から調査を開始した。調査開始時に、多くの家は汀線に近いところに建てられていたが、家の周りにはココヤシやサガリバナなどの有用樹木、ランや外来のマリーゴールドなどの花卉、それからキャッサバや野菜類の小規模な畑もみられた。それが2023年には、海水面の高い時には、海水が集落内部に入るようになり、草本性植物は枯れはてて、海水に弱い有用樹木も倒れていた。場所によってはマングローブ樹種が生えるようになり、かつて畑があった場所にキバウミニナのような貝が棲息するようになっていた。「以前は家の脇で野菜を取っていたけど、今はそこでおかずの貝が取れるよ」と冗談めかして話す人もいた（第1章写真2）。

　浸水や浸食は、集落の全域にわたってみられるが、特にひどいところでは数十mから数百mほど内陸への、家の移転が進みつつあった。

（事例5）「海面上昇と伝統的石垣」　古澤拓郎

　国・地域：ソロモン諸島各地
　出典：Mimura［1999］、Grantham et al.［2011］、地元行政関係者、住民への聞き取り
　　　　（未公表データ）

　ソロモン諸島チョイスル州タロ島、テモツ州リーフ環礁など、海面上昇の影響がみられるとされる集落では、住民が石積みの防潮堤を作って対処する。伝統的に海辺に集落をつくるときには、足場を固めるために、海中の石・石サンゴなどをあつめて、小さな石垣状にしてきており、その伝統技術が用いられる。タロ町では、石

写真 9　浸水によりいくつかの樹木が枯死し草本も後退した様子
（ソロモン諸島ウェスタン州ニュージョージア島、古澤拓郎撮影）

垣が鉄の金網で覆われ、補強されたものもある。

　平常時には、海岸浸食を軽減するのに役立つが、災害的な高潮時にいったん海水が防潮堤より内側に入り込むと、その海水が引くときの力で防潮堤ごと海岸が運びさらされてしまうこともある。マングローブ植林と組み合わせるなど、二次元的な防潮堤構築が必要であるともいわれる。また海中の石サンゴを集めることが、海洋生態系に悪影響をもたらす可能性も指摘される。

（事例 6）「防潮堤の効果」　古澤拓郎

　国・地域：ミクロネシア連邦コスラエ、サモア国ヴァイアラ・サモアサレイラ・
　　　　　　ラロマラヴァ
　出典：Monnereau and Abraham［2013］、Crichton and Esteban［2018］

　第 2 章で取り上げた、防潮堤の例について、その影響も報告されている。

　ミクロネシア連邦のコスラエ島では、海面上昇や異常気象による海岸浸食が発生したため、60% の世帯は、在来の方法による防潮堤づくりなど何らかの自主的適応を行った。結果として大半の人々はその適応は不十分であったと考えているが、かといって内陸移住のような適応は生計手段、居住環境や文化への損失と損害にすらなると認識していた。

　サモアのヴァイアラでは、防潮堤に沿って植林が行われ、それは頑丈であり 30 年以上も有効であったが、2012 年に史上最強といわれる熱帯低気圧エヴァンによって破壊された。そこで続いて、海面上昇にも対応するように、現代工学技術によって

巨大で高価な防潮堤が建築された。これは、技術的には成功しているように見える
かもしれないが、実際にはメンテナンスと更新が必要であり、そのコストが増大し
ていくということである。

　サモアのサレイラでは、現代的な防潮堤を作ったところ、内陸から海への川の流
れを妨害するようになってしまった。結果としてサレイラは、雨季には洪水に遭う
事になってしまった。またラロマラヴァでは海岸リゾートのホテルを守るために国
家プロジェクトとしての防潮堤が建設されたが、逆にビーチと景観が失われたため
に観光客の人気が下がってしまった。

3. 暴風・豪雨・干ばつの影響と適応

（事例7）「熱帯低気圧や暴風雨への対応」 石森大知

　国・地域：ソロモン諸島ベロナ島
　出典：Rasmussen et al.［2009］

　ソロモン諸島ベロナ（Bellona）島では過去数十年にわたり、数多くの熱帯低気圧
（サイクロン）と暴風雨に曝されており、住民はこれらを大きな脅威と見なしている。
ベロナでは高床式で金属屋根の「モダンハウス」が主流で、それは熱帯低気圧で簡
単に破壊されることが問題視されている。1978年から1993年にかけて、ベロナには
三つの大きな熱帯低気圧が相次いで襲来し、人々の熱帯低気圧に対する意識は年を
追って高まっている。ただし、ベロナの人々は彼らの祖先の時代から熱帯低気圧に
対処してきたのであり、伝統的なシェルターを数時間のうちに建設・設置し、避難
することで熱帯低気圧による死傷者は比較的少ない。

　一方、熱帯低気圧は家屋の破壊や農作物の損失など経済的損失ももたらす。熱帯
低気圧はその強さに左右されるものの、農作物に大きな被害を及ぼすことがある。
ただし、近年は輸入食料が比較的重要になっており、熱帯低気圧による農作物の損
失は以前よりも住民のフードセキュリティに深刻な影響を与えなくなっている。こ
のように熱帯低気圧は気候変動による生活への最も重要な脅威ではあるが、それに
よってベロナを永久に離れたという人はほとんどいないと言われている（なお、ベロ
ナでは集落は主に高台に位置しており、洪水や浸食、海面上昇などはそれほど問題視
されていないようである。ただし島の北西岸では浸食被害が報告されている）。

(事例8)「サイクロン・ゾーイへの対応（ソロモン諸島ティコピア島）」 石森大知

国・地域：ソロモン諸島ティコピア島
出典：Rasmussen et al.［2009］

　ソロモン諸島ティコピア島は過去35年間に3回の熱帯低気圧（サイクロン）に見舞われている。なかでも最も被害が大きかったのは、2002年12月に発生したカテゴリー5のゾーイ（Cyclone Zoe）である。ゾーイは植生（ほとんどの樹木が倒れる）、食糧生産、建物、墓地に大きな被害を及ぼし、島民の生活に大きな打撃を与えた。また、淡水湖であった火口湖は汽水湖となってしまった。しかし、湖からの食料供給には長期的に大きな影響はなかったようである。サイクロンは3日間ティコピア周辺の上空に停滞し、住民は伝統的な緊急避難所や洞窟の中でその時間を過ごし、人命が失われることはなかった。

　その後、ティコピアの人々は、食糧援助と家屋や水道を含むインフラの再建のために大規模な外部支援を受けた。研究者の調査によれば、ゾーイに関連する農作物の損失は甚大であったが、外部支援により、サイクロン後に植えた新しい作物が収穫されるまでの間、食糧の不足を補うことができた（一方、海洋資源は大きな被害を受けなかったが、漁撈のためのカヌーや漁具が失われた）。大規模な外部支援を受けたことは、その後の社会の再構築をより円滑なものとした。そのさいに注目すべきは、伝統的な社会組織の重要性である。ゾーイ後のティコピアでは、大量に運ばれる支援物資を前に、伝統的な制度に支えられた食料再分配のシステムが有効に機能した。伝統的な首長とキリスト教会は、内部および外部から蓄積された物資が公平に分配されるように最善を尽くす。これは自然災害に対する伝統的な社会組織の適応能力を示す一例といえるかもしれない。

　ティコピアでは、（事例7のベロナと同様に）熱帯低気圧や暴風雨の際に人命を守るための手段として、緊急用のシェルターの建設が確立されている。このシェルターは、島の一部にあまり大きな木がなく（倒木の危険を避けるため）、適切な種類と大きさの枝が豊富にある場所に短時間で建設される。さらに、金属屋根などの飛来物による危険を避けるため、低い家屋とサゴヤシの葉を屋根材とする伝統的な建築様式が復活している。

　ティコピアを含むポリネシアの諸社会では、異常気象や気候変動などの内的・外的ストレスに適応するための伝統的な手段として「移住」がある。ティコピアの人々では、かねてから首都ホニアラやソロモン諸島の他の島々、そして海外への移住を行ってきた。熱帯低気圧や干ばつに伴う島々の苦難は、しばしば一時的または永続的な移住の増加をもたらしてきた。しかし、研究者の調査によれば、気候変動と移

住の間に直接的な因果関係を立証することはできなかったという（これは、移住がしばしば複数の原因や決定が複雑に絡み合った結果であるということを意味するだろう）。

（事例9）「巨大台風の被害を受けた沿岸地域からの内陸移住」　飯田晶子

国・地域：パラオ共和国
出典：国際連合人道問題調整事務所［2012］、在パラオ日本国大使館［2018］

　パラオ共和国では、気候変動による降雨パターンの変化により、以前は一般的ではなかった巨大な熱帯低気圧（台風）が発生する頻度が高まっている。近年では2012年のボファ（Tyhpoon Bopha）、2013年のハイエン（Tyhpoon Haiyan）、2021年のスリゲ（Tyhpoon Surigae）といった三つの巨大台風が立て続けに発生した。
　そして、そうした巨大台風時の暴風と高潮によって、沿岸部の地域では、海外侵食、沿岸浸水、農作物の被害、さんご礁への被害、道路・電力・上下水道施設などのインフラの被害、建物の全壊・半壊といった数々の損害が発生した。そのうち、建物の全壊・半壊については、ボファでは少なくとも151棟、ハイエンでは134棟、スリゲでは123棟にのぼり、その都度再建を余儀なくされた。
　台風ボファの被害が特に大きかったバベルダオブ島のオギワル州では、再建の際に、州政府が主導して沿岸部から数百m離れた内陸部の高台移転を進めた事例がある。またその際、日本政府の草の根・人間の安全保障無償資金協力により、コミュニティが地域活動を行うための多目的センターが建設された。このセンターは今後発生し得る巨大台風時のシェルターとしても利用することが想定されている。

（事例10）「干ばつと飲料水」　石森大知

国・地域：ソロモン諸島オントンジャワ
出典：Rasmussen et al.［2009］

　ソロモン諸島・オントンジャワ（Ontong Java）において、干ばつは農作物と飲料用水を含む淡水資源に大きな影響を与える。1〜4週間の干ばつは毎年発生するが、雨不足は毎年異なる結果をもたらす。主食のタロイモは、地下水位まで掘り起こされた内陸の淡水沼地で育つ。タロイモは雨が降らなくても数週間は生きられるが、干

写真10　台風ボファの沿岸浸水により壊滅した　写真11　台風ボファによる高潮により集落が
タロイモ畑の様子（パラオ共和国バベルダオ　被害を受けた様子（パラオ共和国バベルダオ
ブ島オギワル州、佐藤崇範氏より写真提供）　ブ島オギワル州、佐藤崇範氏より写真提供）

ばつが続くと食料生産全般に大きな悪影響が出る。また、干ばつによって地下水位が下がって塩水が侵入するようなことがあればタロイモが壊滅的な打撃を受ける。飲料用水に関しては1980年代からプラスチック製の雨水タンクが普及し、現在ではコミュニティタンクによって深刻な干ばつに対する脆弱性はかなり軽減されている。しかし、密閉されていない雨水タンクの水の共有は健康上のリスクもあり、水を媒介として下痢やコレラなどの病気が起こったことが過去にある。なお、オントンジャワにおいて雨水タンクは1980年代に導入され、長期間の干ばつに耐えるための重要な手段となっている。住民の拠出金とEUなどからの寄付金を主な財源に、二つのコミュニティが各々の大規模な貯水タンクを設置し、一定のルールの下で管理・共有されている。また、一部の世帯では、一世帯または複数の世帯が所有するプライベートのタンクを使用している。かつては限られた地下水脈を利用した掘り抜き井戸が唯一の水源であり、干ばつが続く時期にはココヤシの実が唯一の代替物であった。

（事例11）「雨水利用の影響」　古澤拓郎

　国・地域：マーシャル諸島、ミクロネシア連邦
　出典：Pacific-American Climate Fund［2017］、MacDonald et al.［2020］

　第2章で取り上げた適応策の影響である。
　水問題の背景の一つには、一人あたりに使われる水の量が増加したためもある。マーシャル諸島の女性たちは、祖母はコップ1杯の水で全身を洗っていたというが、

彼女たち自身はバケツ1杯が必要であるという。これは、西洋の清潔感・衛生観などの価値観が入ったことで、消費量が増えたことを示唆している。

　雨水バッグの利用は、飲料水だけでなく農業でも効果を上げ、ミクロネシア連邦ヤップの例では住民は野菜を栽培するようになり、それまでの缶詰依存の食生活から、野菜もある健康な食生活になったという。

　脱塩処理システムはボートで地方の小島にも、持ち込まれ、人々が共同で利用する井戸に取り付けられるなどしている。ただし、これらの小島に技術者はいないため、メンテナンスはしばしば困難である。また、人々のアクセスしやすさという点では良いが、本来の脱塩処理システムの目的である海水の淡水化に比べると、汽水もしくは淡水がでている井戸水にこの装置を使うのは効率が悪い。人々は、海水をろ過したものよりも淡水をろ過したもののほうが味が良いなどというが、淡水を使いすぎることは、結局のところ島の貴重な淡水資源（淡水レンズ）を奪うだけである。

　（事例12）「気候変動と都市化による干ばつの激甚化に対するレジリエンスの向上策」
　　　　　　　　　　　　　　　　　　　　　　　　　　　　　　飯田晶子
　　国・地域：パラオ共和国コロール州
　　出典：Republic of Palau ［2016; 2018］、Mason et al.［2020］、地元住民への聞き取り（未公表データ）

　パラオ共和国では、気候変動による降雨パターンの変化、及び都市部における人口増加（観光客数の増加を含む）の双方の影響により、渇水時の水不足が深刻化している。近年では、特に2015年から2016年にかけてのエルニーニョ現象により、観測上最も深刻な干ばつに直面し、経済的中心地であるコロール州のコロール島・アラカベサン島・マラカル島の都市部では極度の水不足に陥った。政府は2016年3月22日から4月11日にかけて非常事態宣言を発令し、計画断水を行うとともに、海外へ緊急支援を依頼した。政府は、臨時の雨水バックを設置し、急場を凌いだ。この干ばつによる健康面の被害として、水面低下による水質の悪化、十分な手洗い不足等の公衆衛生の問題が発生し、胃腸炎が蔓延した。

　干ばつの発生後、パラオ政府は海外からの支援を元に「パラオの極端な干ばつに対するレジリエンスの向上：気候変動の影響に対する長期的な適応のための行動」プロジェクトを実施し、今後も起こり得る干ばつに備えて新たな水源開発の可能性を調査した。そして、その調査結果をもとに現在は、ミクロネシアで第二の面積をもつ火山島で、比較的水資源の豊かなバベルダオブ島において、新たな水資源開発を行い、コロール州の都市部へ貯水・配水するシステムの建設を進めている。さらに、パラオ政府は2016年の経験をもとに「干ばつアクションプラン」を策定し、水不足

写真 12　水不足にともない臨時に設置されたコミュニティ用の雨水バック
（パラオ共和国コロール州コロール島、飯田晶子撮影）

が発生した際の行動計画を取り決めた他、水タンクロータリーの配備、流域管理計画の策定による水資源の保全等を進めるなど、同程度の干ばつに曝露（exposure）されても、その影響を軽減させる備えを進めている。

　また、コミュニティレベルでは、2016 年の深刻な水不足発生時に、節水、代替水源の確保、一時的な移住等により水不足への対応を図る行動が見られた。代替水源としては、普段は使われていない古い共同の井戸をコミュニティで利用する例が見られた。一時的な移住としては、比較的水が豊富な別の島の親戚・知人に身を寄せる対策がとられた。また、新たな干ばつへの備えとしては、各家庭での雨水タンクの設置のほか、新しい共同井戸の整備などが行われている。

　このように、パラオ共和国では、在来・グローバルの双方の工学技術による適応策と社会的・制度的な適応策を組み合わせ、激甚化する渇水リスクに備えている。

4.　生態系ベース適応

（事例 13）「植林の影響」　古澤拓郎

　国・地域：パプアニューギニア、ミクロネシア連邦ほか
　出典：Nunn et al. [2017]、Crichton and Esteban [2018]、Secretariat of the Pacific
　　　　Regional Environment Programme [2020]

　パプアニューギニアのガルフ州では、2013 年にマングローブの植林が着手された。

写真13　住民の手によるマングローブ植林
（ソロモン諸島テモツ州リーフ環礁、古澤拓郎撮影）

これは海岸線保護のための生態系主体のアプローチであり、食料問題を改善する影響も期待された。しかし成功のためには人々がマングローブを薪として伐採するのを抑える必要がある。また予算確保や管理計画などの取り組みも必要である。

植林では、植物は生長に時間がかかる上に、放し飼いの家畜に食べられてしまうこともあり、失敗したケースも多い。

またヤップでは、天然のマングローブ林が拡大して、湿地のタロイモ畑（タロピット）に侵入するようになったため、1980年代に人々は石道を作って、タロイモ畑を守ろうとした。しかし海面上昇により石道が機能しなくなり、タロイモ畑は放棄されることになった。

（事例14）「海洋保護区の社会影響」　古澤拓郎

国・地域：ソロモン諸島ウェスタン州
出典：Aswani et al.［2007］、Aswani and Furusawa［2007］、地元行政関係者、住民への聞き取り（未公表データ）

ソロモン諸島ウェスタン州ロヴィアナラグーンの事例である。長年の生態人類学・海洋人類学の研究に基づいて、米国大学の研究者が、資源保護と地元生活の持続可能性を企図した海洋保護区を設置した。事業はいくつかの財源によって運営された。地域住民は、漁撈を将来にわたって続け得るために資源保護をするということに加えて、海洋保護区を受け入れれば診療所や職業訓練などの支援が受けられるというインセンティブがあった。

海洋生物学の調査から、海洋保護区内では藻類から魚類までの多様性が向上したことが明らかになった。また、健康調査からは、海洋保護区によって住民の魚類摂取量やたんぱく質摂取量が減ることはなく、むしろ大型化した魚類を保護区外で得られることから、栄養状態が向上する可能性も示された。すなわち設置後数年以内の結果では、地域社会には負の影響はみられず、むしろ正の影響がみられた。

　その一方、海洋保護区は面積が小さく、地域の魚類資源を持続可能にするために十分であるかどうかという疑問の声もある。

　米国大学のプロジェクトの終了や、コロナ禍の影響により、現在では海洋保護区を守る住民は稀になっている。

5.　内陸移住とその影響

（事例 15）「内陸移住例 1」　古澤拓郎

　国・地域：ソロモン諸島ギゾ島
　出典：鈴木他［2007］、Furusawa et al.［2011］、地元行政関係者、住民への聞き取り（未公表データ）

　2007 年ソロモン諸島沖地震・津波によって、ソロモン諸島ウェスタン州各地に大きな被害がでた。ギゾ島には、キリバス系住民の集落があった。このキリバス系住人は、ソロモン諸島がイギリス保護領であった時代に、同じく保護領であったギルバート諸島やフェニックス諸島から政策的に移住してきた人々であった。彼らは、当然ながらソロモン諸島に伝統的に所有している土地はないため、政府が提供した集落用地についてのみ土地権利を有している。そのため、彼らは漁業を営み、町でそれを販売することが主な生業であった。

　津波が発生した際、彼らの居住地に甚大な被害が発生し、ティティアナ集落ではすべての建物が破壊され、人的被害が発生した。政府所有地であるギゾ町でも大きな被害が出たことから、これらの政府所有地、つまり西洋人の定着以前に集落がなかった地域は、津波に脆弱な場所であったのではないか、という意見がある。

　ティティアナの人々は津波襲来時に、集落背後の山に避難した。その後、そこの森を一部切り開いて避難キャンプを作った。その山は政府所有地であるが、キリバス系住民に土地の権利はない。そのため当初は黙認していた政府であったが、もともとの集落にインフラを再建築するのに合わせて、避難者たちに元集落に戻るよう求めるようになった。避難者たちの一部は、将来の津波への恐怖や、もともと人口

写真 14　ティティアナ村民の避難キャンプ
（ソロモン諸島ウェスタン州ギゾ島、古澤拓郎撮影）

が過密化していたことなどを挙げ、山の一部を利用する権利を求めたが、政府がそれを認めることはなかった。

　住民は援助によって届けられた漁業道具を用いるが、漁獲は十分ではないという意見があり、一方では津波を契機にして町での就労を始めた人もいる。避難キャンプでは、水道やトイレなどの衛生環境に問題があったが、復興した新集落ではこれらの環境が整えられた。

　ハザードから逃れるために近隣地域に移住することはオセアニアでは伝統的に行われてきた、有効な防災行動であるが、歴史的な島嶼間移住の結果として、そのような内地移住ができない社会もあるという事例である。

（事例 16）「内陸移住例 2」　古澤拓郎

　国・地域：ソロモン諸島ラノンガ島・シンボ島
　出典：鈴木他［2007］、Furusawa et al.［2011］、Otoara Ha'apio et al.［2018］、Leal
　　　　Filho et al.［2020］、地元行政関係者、住民への聞き取り（未公表データ）

　2007 年ソロモン諸島沖地震・津波によって、ソロモン諸島ウェスタン州各地に大きな被害がでた（事例 16）。

　ラノンガ島のモンド村は、海岸近くにあった集落が斜面崩壊により居住不適になったため、山の上にあった畑地に新集落を建築した。また、シンボ島のタプライ村は、津波により全家屋が喪失したため、内陸低地にあった畑地に新集落を建築した。

　モンド村は、それまでの集落より標高が 145m も高いところに新集落をつくったた

め、将来の津波被害を避けるのみならず、海面上昇のハザードにも適応的であるとされる。また、モンド村では早期のうちに、リーダーらが住民の合意を形成し、国内外のドナーともよく交渉をした。その結果、新集落にクリニックなどの社会基盤が建築され、人々は森林資源を用いて永住用の住居を建築するなどして、定住化が進んだ。この過程では多くの資金が必要であったことから、新集落の名前はケイゴールド（「おお、金よ」の意）となった。

　一方、タプライ村は移住先の標高が元の集落とあまり変わらず、また元集落に戻ることを考える住民もおり、新集落の建築は必ずしも進まず、しばらく避難キャンプのような生活を続けることとなった。被災2年後の時点で、感染症や子供の低栄養のリスクがみられた。

　シンボ島はもともと面積が狭いうえに居住不適な活火山があるために、たとえタプライ村住民が伝統的な土地所有者であったとしても、居住できる土地や利用できる森林資源に限りがある。モンド村人は広い土地と資源の権利を有していたことが、両者の違いの背景にはある。またモンド村でリーダーシップが発揮されたのは、所属するキリスト教宗派の教えや、海外とのネットワークなど、社会的要因も考えられる。

6. 国内移住とその影響

（事例17）「高潮の被害に伴う移住の事例」石森大知

国・地域：ソロモン島・マライタ島南部ワランデ島
出典：Monson and Foukona [2014]

　マライタ島南部のワランデ島（Walande Island）の人々（もともとマライタ島北東部から同島南部に移住してきた人々であるとされる）は、1986年にサイクロン・ナムの被害を被った後、豪州（豪州高等弁務官事務所）の支援を受けてマライタ島本島にあるテテレ・ランド（Tetele Land）への移住に着手した。しかし移住先の土地に対する恐れから、この移住計画はあまり進展していなかったところ、アングリカン教会の礼拝堂がこの地に建てられ、聖職者が土地に聖水をまく儀礼を実施して以降、人々の精神的不安は和らいだとされる。さらに2009年にワランデ島は高潮による大きな浸水被害を受けたが、それが契機となって2009年から2010年にかけて住民の大多数はテテレ・ランドに移住したという。

（**事例18**）「国内移住への取り組み」石森大知

　　国・地域：パプアニューギニア・カートレット諸島
　　出典：Connell［2016］

　カートレット諸島は、パプアニューギニア・ブーゲンヴィル島ブカの北東約85km
に位置する典型的な楕円形のサンゴ環礁で、ブーゲンヴィル島の北方に浮かぶ五つ
の環礁の一つである。カートレット諸島の住民は、海面上昇を含む気候変動のほか
人口圧に伴う諸問題によって既存の生計活動が脅かされ、移住による適応が代替案
とみなされている。地元NGOの責任者によれば「多くの人が食料を失い、主食のコ
コナッツも海面上昇で全滅しつつある」「環礁で食用作物を育てるのは非常に難しい。
塩水が土地にしみ込み、栽培が不可能になっている」という。ただし、この島で初
めて移住が検討されたのは約70年前の植民地時代に遡り、そのさいの理由は気候変
動ではなく、増え続ける人口圧にあった。1950年代以降、人口圧によって生計活動
の持続可能性が疑問に付され、マリスト教会や植民地政府を中心に再定住計画が何
度となく検討されてきた。国家独立後、1984年には州政府のプロジェクトに従って
ブーゲンヴィル島北部のアラワに一部の住民が移住したが、ブーゲンヴィル紛争の
影響もあって5年後には島に戻ってきた。その後も地元NGO等が関与する同様の計
画が持ち上がるも、近隣のランドオーナーとの土地紛争が起こり難航している。な
お、オセアニア島嶼部において他の親族集団が所有する慣習地への移住は、政府や
NGOなどの第三者の仲介があっても困難であることを物語っている（カートレット
諸島では、ほかの多くの環礁と同様にさまざまな環境面での問題に直面しているが、気
候変動はそのうちの一つであり、複合的な視点から検討する必要があると考えられる）。

（**事例19**）「海面上昇と移住をめぐる一考察」　石森大知

　　国・地域：ツバル・フナフチ環礁
　　出典：深山・石森［2010］、住民への聞き取り

　ツバルの首都が所在するフナフチ環礁には、1978年の国家独立の前後以降、フ
ナフチ環礁以外の環礁・リーフ島から数多くの人々が移住してきた（同環礁の人口の
98%はフォンガファレ島に住む）。その意味でフナフチ環礁は、出身島の異なる多様
な人々によって構成されているといえる。（もともとフナフチ環礁に居住してきた人々
を除き）彼らがこの環礁に移住してきた理由はさまざまではあるが、仕事、教育、そ

して家族・親族の存在などが主な理由とされる。彼らにとって移住は、大事として
ではなく、日常的な営為として捉えられている。彼らは、自らの親族関係等に基づ
く社会的ネットワークを利用しながら、その時の都合やライフステージに応じて柔
軟に居住地を変えてきたといえる。

　マスメディア等が描いてきたツバルの人々のイメージは、ともすれば「地球温暖
化に伴う海面上昇の被害者／犠牲者」としてその受動性や消極性を含意するものも
多い。そうしたイメージは、環境保護団体のアピールや国際会議の交渉ツールとし
ては有効に働くかもしれない。しかし、上述の通り臨機応変に移住を繰り返してき
たツバルの人々は、受動的というよりも、能動的な主体と捉えるべきであろう。彼
らの多くは現居住地のフナフチ環礁を「終の棲家」とは考えておらず、将来的には
自らの出身島に戻ったり、あるいはオーストラリアやニュージーランドに移住する
ことを現実的な問題として見据えている。すなわち、迫り来る海面上昇や浸水被害
などに対して為す術もなく過ごしているというよりは、その場その時の状況に応じ
て主体的に移住を選択する、そしてそのような移住を日常的な行為と考えている人々
ということができる。

（事例20）「国内移住のその後」　デイビット・メイソン、古澤拓郎

　国・地域：フィジー
　出典：Piggott-McKellar et al.［2019］、Leal Filho et al.［2020］

　第2章で取り扱った、フィジー国内移住のその後である。
　ヴニドゴロア村は、100年ほど前に、もっと大きな村から海の近くに移住してき
たものであった。同村の長老は、中央政府に対して、このような経緯を説明したう
えで、移住への支援を求めた。デニマヌ村でも、サイクロンへの対処として政府か
ら移住が提案された。
　ヴニドゴロア村の人々は、たとえ精神的に重要なはずの海から離れなければなら
ないとしても、移動を決定し、政府に働きかけたことで、コミュニティとしての達
成感を感じたという。一方、デニマヌ村では、村の一部だけが移転したため、人々
は日常生活に支障をきたしたと感じている。デニマヌ村では、水はけが悪いこと、
傾斜地であること、から新しい家の周りで土砂崩れが起こることを恐れており、実
際小学校は土砂崩れを経験した。
　これらの事例から、移転は気候変動の危険への曝露を減らすという目的だけでな
く、同時に住民の生活を全体として改善することを目標とすべきことがわかる。こ
れには、文化的な配慮、住居やそれを支える社会的・物理的インフラの整備、気候

変動への耐性を高めることができる環境の改善、移転計画への住民の参画などが含まれる。

　新しい村を創造することは、学校、クリニック、集会所をどこに配置して、より良い新村を作るかを考える機会になった。その計画の中で、災害リスク管理や気候変動適応策も考慮されたうえで、人々の移住の恩恵が大きくなるようにデザインされた。

7. 国際移住とその影響

（**事例21**）「キリバス系住民のソロモン諸島移住」　古澤拓郎

　国・地域：キリバス、ソロモン諸島
　出典：Maude［1952］、Connell［2012］、住民への聞き取り

　ソロモン諸島国内のキリバス系民族は、1950年代に人口過密化したイギリス保護領のギルバート諸島やフェニックス諸島（いずれも現在のキリバス）から、政策的に移住してきた人々である。ウェスタン州やチョイスル州に、政府が用意した土地に定住した。

　もともとは1938年に始まった、イギリスによるフェニックス諸島入植策の失敗が関係している。この入植策は、人口過密化したギルバート諸島から、一部の住民を無人島群であるフェニックス諸島に移住させることで人口問題を解決するとともに、太平洋地域でのイギリス地位を高めることが目的であった。しかし、移住先は食料生産に適さず、飲料水源にも困り、移住者の生活は容易ではなかった。加えて1941年に太平洋戦争が開戦すると、他のイギリス植民地からの物資輸送も滞り、困窮することとなった。終戦後もフェニックス諸島での経済活動はうまくいかず、イギリス政府は全住民を同じく保護領であるソロモン諸島に移住させることを決定し、1963年までに移住を完了させて入植策は終わった。

　ソロモン諸島における移住先は、フェニックス諸島よりも、農耕生産性や他地域とのアクセスといった地理的条件において優れていた。しかし、移住者たちが農耕をするためには面積が不十分であり、彼らは主に漁業で生計を立てたり、町での賃労働に従事したりするようになった。その後は人口増加により、居住地は過密化した。

　また提供された居住地は災害に脆弱であるという意見もある。実際、2007年におこったソロモン諸島沖地震では、キリバス系居住地で大きな被害がでた（事例15）。

　一方フェニックス諸島は、その後世界最大の海洋保護区となっている。

　島嶼間での政策的な移住は、賠償、土地保有、アイデンティティ、主権、文化的

対立、生業の確立などの問題を引き起こすとされるが、このキリバス系住人が移住せずにフェニックス諸島やギルバート諸島に居続けても大きな困難があったと考えられ、解決の困難さを示す。

（事例22）「太平洋内移住の功罪」 デイビット・メイソン、古澤拓郎

国・地域：キリバス、フィジー
出典：McAdam［2013］、風間［2022］

　第2章でも紹介したバナバ島は、ギルバート諸島の西にあり、いまのキリバス共和国の西端にある。20世紀初頭、バナバ島はイギリスのギルバート・エリス植民地にあった。もともとバナバ島はしばしば干ばつに悩まされ、年によっては餓死者がでるような状況で、労働力として他の島へと移住する島民も多い状況であった。バナバ島はリン鉱石が豊富であったため、イギリス企業がここで採掘を開始した。住民には利用料が支払われたが、土地の強制収容や契約内容に、住民は不満を募らせた。その後太平洋戦争中には、日本軍に占領されたが、戦後イギリス政府はリン鉱石発掘を進めるために、全住民を2000キロも離れたフィジーにあるランビ島へと移住させた。事実上の強制移住であった。

　ランビ島は農業をするには土地は肥沃であったが、当初人々が暮らしていくために必要な資源が与えられないなど、人々は生活に苦しんだ。また人々は、故郷の島が掘りつくされて荒廃していくことを知った。バナバ人たちは、採掘料の増額や、島の復元などを求めて1970年代には訴訟を起こした。バナバ島はキリバスの一部であり、ランビ島のバナバ人はフィジーのパスポートを持っているが、彼らはバナバとして独立をすら目指している。また1980年ころから一部の人々は、掘りつくされたバナバ島に戻って暮らすものもいる。バナバ人の事例は、仮にもともとバナバ島からのある程度の移住が避けられないものであったとしても、移転の手続きや方法における問題、契約における力関係の存在、信頼の欠落などによっては、不幸な結果になることを示す。

　一方、今のツバル共和国にあるヴァイトゥプ島から、フィジー諸島のキオア島に移住した人々は、バナバ人とは対照的な結果になったといわれる。ヴァイトゥプ島は、ツバルの中で2番目に大きな島であるが、人口過密化が問題になっていた。太平洋戦争後に治安判事であった住民を中心に、お金を集め、やがてキオア島を購入した。1947年に最初に自主的な移住が開始されたが、その後移住者は増加した。キオア島に住む人々は、フィジー人であると同時にヴァイトゥプ人であると自認して

いる。ヴァイトゥプ島にはいまも多くの人々が住んでおり、ツバルの首相や総督も
輩出したが、キオア島移住者との関係は良好であり、いまでも相互に往来があると
いう。この事例は、全島民強制移住であったバナバ人の例との対比からすると、移
住は自主的に行われることと、島民主体で行われることが重要であったことを示し
ている。

（事例23）「移転計画の拒否」　デイビット・メイソン、古澤拓郎

国・地域：ナウル、キリバス
出典：Campbell and Warrick［2014］、Walker［2017］、Bordner et al.［2020］

　気候変動によるものではなく、鉱物採掘によるものであるが、ナウルの人々は何
度も移転の機会を提示されてきた。最初は1950年代、島でリン鉱石採掘が進む中で
の国連信託統治理事会による提案で、個人単位でイギリス、オーストラリアもしく
はニュージーランドに移住するというものであった。しかし、ナウルの代表団は、
自国民が分裂し、文化が失われることを望まないため、却下した。
　次は1960年代にナウル施政権者としてのオーストラリアが提案したもので、オー
ストラリア・クイーンズランド州のカーティス島の土地をナウル人に提供し、そこ
にナウル人の評議会も設立するというものであったが、ナウル人がオーストラリア
人に含まれることも条件にあった。ナウル人は、自分たちの主権とアイデンティティ
を失いたくないとの理由から、これも却下した。
　第2章で取り上げたキリバスの「尊厳とともの移住」計画では、移住する人々が移
住先でも経済的機会を得られるように、看護師や職業漁師などの訓練を施すことが含
まれた。キリバス政府は、フィジーに6000エーカーもの土地を購入した。しかし、
2016年の選挙で政権が敗北すると、次の政権はこの計画を廃案にした。新政権も気候
変動のインパクトは理解していたし、国際社会の支援を得てこれに対処する必要性を
知っていたが、自国民に国を去るようにいうことはできなかったと捉えられている。
　環礁国の将来を考えるとき、国際社会はときどき移民が不可避であると考えている
が、当事者はそうとは考えておらず、たとえばマーシャル諸島はそのような考えは国
家主権への侵害であるとみなしている。環礁国の人々にとってみれば、島を離れるこ
とは、その島と不可分に結ばれていた彼らの文化を完全に喪失してしまうことと同義
なのである。先進国は自分たちが気候変動を引き起こしてきたにも関わらず、その結
果としての海面上昇にさらされた人々が自分たちの土地に住み続けるための方策を考
えていないようである。これは、マーシャル諸島など太平洋の人々が、20世紀の植
民地化から始まって、ずっと経験してきていることの延長であるともいえる。

8. 気候変動・適応策とウェルビーイング

（事例24）「国内移住による健康への影響（環境の変化）」　土谷ちひろ

国・地域：フィジー
出典：McMichael and Powell［2021］

　　フィジーのヴニドゴロア村は気候変動により、洪水、浸食、海水の侵入が深刻化した。深刻化する気候変動の影響を踏まえて、政府やドナー機関の援助の下、2014年に村全体を新しい村に移転した。政府の支援を受けて移住した最初の村である。
　　移住先の村には、四つの鱒の養魚池、パイナップルとバナナのプランテーション、コプラの乾燥機や農場、30棟の木造住宅とコミュニティホールが建設された。さらに住民は伐採により資金を調達し、新居住地に教会を建設した。
　　移住経験がある27名を対象に移住による健康への影響を質的研究にてインタビューした。先行研究は、次のことを明らかにした。
　　移住前は気候変動の影響で、海面上昇、海岸浸食、洪水、農作物への被害、防潮堤の破壊、ヤシの木の消失などの被害、洪水による腸チフスの蔓延、沿岸の洪水によって塩水の侵入が起きパンノキなどの自給作物に被害がでた。また、沿岸部に打ち寄せる波と氾濫する川の衝撃により、海の近くのココヤシが倒される被害が起きた。しかし、移住したことによって、洪水、海面浸水による農園の塩害や洪水による感染症などの健康へのリスクから離れることができて環境面ではメリットが大きいことがわかった。
　　また、旧居住地では、数世帯に一つしかトイレがなく、シャワーはごくわずかしかなかった。多くの住民が、洪水時や高潮時にトイレが使えなく、トイレの数が少ないため、「茂みで用を足す」ことが多かった。しかし移住地では水と衛生が改善され、すべての家にシャワー、浄化槽に繋がっている水洗トイレ、手洗いや食器洗いのための配管がある流し台、そして村の上にある貯水タンクから重力によって供給される湧き水がある。そして、水と衛生設備が改善されたことにより、子どもたちの健康状態が改善された。看護師は、村で結膜炎やその他の皮膚や目の感染症の発症が大幅に減少していることを報告した。この要因として子どもたちが清潔な水で手や身体を洗うようになり、適切な治療を受けていることが考えられる。
　　また都市部のヘルスセンターや病院などへ医療サービスへのアクセスも改善された。
　　不利な点としては、新居住地の水道は断続的に供給が停止する問題がある。また、貯水槽にフィルターが設置されていないため大雨が降ると配管が詰まってしまう。

そのため、住民はバケツで水を汲み、旧居住地で使用していた水道を利用することがある。特に洗濯と調理を行うことが多い女性にとって断水は問題である。さらに、都市へのアクセス向上は社会の変化を引き起こした。

（事例25）「国内移住による健康への影響（食の安全と栄養）」 土谷ちひろ

国・地域：フィジー
出典：McMichael and Powell［2021］

事例25の続きである。

フィジーのヴニドゴロア村から移住した人々は、移住先の村では肥沃な土壌を持つ慣習的な農地へのアクセスが継続され、さらに食料問題が改善されたという。その要因として、移住地では人々が自給自足と収入のために栽培しているカバ、キャッサバ、その他の作物を栽培している農地へのアクセスが近くなったことが挙げられる。また、旧居住地では塩害のため作物を植えられなかったが、移住地では植えられるようになった。さらに、ドナー機関は、移住先に養鱒場の建設やパイナップルやバナナなどの換金作物農園を開発し、人々の現金収入に繋がるように支援を行った。また、果樹や野菜などの農園のための区画が村中に整備された。これらのことにより移住により食料確保が容易になった。

しかし、デメリットとしては、移住地では村が以前より内陸部に位置するため、沿岸の漁場へのアクセスが難しくなったため、新鮮な魚介類の消費が減り、加工食品の消費が増加した。また、移住前、女性は漁業が生業であったが、移住後は織物やパンダナスの葉を織ることに変わった。

さらに、都市部へのアクセスが容易になったことが影響し、伝統的な食事（根菜類、魚、魚介類、野菜など）は、加工品やパッケージ食品（魚の缶詰、パン、ビスケット、コメ、小麦など）で補われることが多くなった。調査によると村では糖尿病が増加しており、足を切断している症例も増加したと話している。このように生活習慣が変化し糖分や脂質が多い加工品の摂取が増加することにより非感染性疾患（以下NCDs）[24]増加につながる可能性がある。

24　非感染性疾患（Non-communicable Diseases）。生活習慣病などを指し、感染症・低栄養や事故以外の要因による疾患。

（事例26）「適応策と健康との関係について」　古澤拓郎

国・地域：ソロモン諸島、ミクロネシア連邦、他
出典：Furusawa et al.［2010］、Furusawa et al.［2011］、Balick et al.［2019］、NCD Risk Factor Collaboration［2019］、Furusawa et al.［2021］

　オセアニア島嶼国は、世界の中でも肥満有病者の割合が極めて高く、肥満がリスク要因である糖尿病などの非感染性疾患（NCDs：生活習慣病）の罹患率も高い。人類の歴史の中で、食料の乏しい島嶼部に住み始めた人々はそこでの暮らしに適応した体質になり、それが今の安定した食料供給下では肥満の要因になるという説もある（オーストロネシア語族集団の倹約遺伝子仮説）。実際、肥満の人は、輸入した高炭水化物・高脂質含有の食品などを多く入手でき、身体活動が少ない都市部に特に多い。
　一方、農村部が健康であるわけでもない。町や他の島から離れ、資源の限られたソロモン諸島の小島で、災害後に行われた調査では、子供の低栄養がやや多かった。さらに遠隔の環礁島では、食料生産や現金収入が不安定であることや、異常気象や高潮等により農地に影響が出るなど、さまざまな不安要素があり、人々の心的健康度が他地域より低くなる傾向がみられた。
　ミクロネシア連邦の首都近郊では、環礁島で伝統的な暮らしを送る人々は健康的であったが、環礁島から都市に移住した人々は、もともと都市で生まれ育った人々よりも健康度が低かったという研究もある。
　なおソロモン諸島では、かつてはマラリアなど感染症が深刻な健康問題であったが、2010年以降は都市部・農村部にかかわらずほとんど問題にはならない。ただし、媒介昆虫のハマダラカが根絶されたわけではなく、いつでも再興感染症となる危険がある。外国から持ち込まれたCOVID-19、デング熱、麻疹、インフルエンザなどが流行する場合があり、これらは人口過密な都市環境で感染拡大しやすいためもある。

（事例27）「国内移住による健康への影響（NCDsの増加）」　土谷ちひろ

国・地域：ソロモン諸島
出典：Tsuchiya et al.［2017］、Tsuchiya et al.［2021］

　ソロモン諸島では、海面上昇による海岸浸食といった気候変動による直接的な影

響に直面している。ソロモン諸島政府は水没の危機がある地域の居住者を国内移住させる計画を発表している。しかし移住による急激な物理的環境の変化は人々の健康を脅かすリスクがある。その一つに非感染性疾患（NCDs：生活習慣病）の増加のリスクが考えられる。

　ソロモン諸島の人々は、従来、豊富な魚、イモ類、野菜や果物などの豊かな自然に育まれながら自給自足の生活を営んでいた。しかし第二次世界大戦後、グローバル化による貨幣経済の影響を大きく受け、都市部での生活は変化した。多くの輸入食品が流入した結果、伝統的な食生活から、安価で用意に手に入る輸入品や加工品（魚の缶詰、パン、ビスケット、コメ、小麦など）が中心となった。輸送費のかかる生鮮食品は高価となり、人々は容易に購入することができない。たんぱく質や野菜の摂取は低下する一方、米・砂糖・小麦粉・缶詰・インスタントラーメンなどの糖質や脂質に偏っている安価な加工食品の摂取が増加している。その結果、肥満の割合が急増しNCDsが蔓延する一因となっている。調査の結果、ホニアラでは肥満（BMI30以上）の割合は女性が58%、男性が35%であり、主食は伝統的なイモ類よりも輸入されたコメや小麦の摂取の割合が多くタンパク質や野菜の摂取が少ないことが明らかになっている。

　これらのことから、都市部への移住によるデメリットとして、移住地では新鮮な野菜や魚介類の消費が減り、糖質や脂質に偏っている加工食品の消費が増加するリスクがある。さらに、都市部に移住した場合、畑を持つことや沿岸の漁場へのアクセスが難しくなるため、農業や漁業ができなくなり新鮮な魚介類を摂取する機会が減少する可能性がある。その結果移住によってNCDs発症のリスクが増加する可能性がある。

（事例28）「国内移住による健康への影響（ソーシャルキャピタルへの影響）」

土谷ちひろ

　国・地域：ソロモン諸島
　出典：土谷［2022］、Tsuchiya et al.［2023］

　ソロモン諸島では、海面上昇による海岸浸食といった気候変動による直接的な影響に直面している。ソロモン諸島政府は水没の危機がある地域の居住者を国内移住させる計画を発表している。しかし移住による急激な物理的環境の変化は人々の健康を脅かすリスクがある。その一つに社会的ネットワークの変化によるソーシャルキャピタルの低下が挙げられる。
　ソロモン諸島の首都は第二次世界大戦を契機にホニアラに移転された。首都建設

写真15　商店にならぶ加工食品（ソロモン諸島首都ホニアラ市、土谷ちひろ撮影）

写真16　炭水化物（サツマイモ、米、インスタントラーメン）が多い食事
（ソロモン諸島首都ホニアラ市、土谷ちひろ撮影）

のためガダルカナル島以外の島（特にマライタ島）から数多くの労働者がホニアラに移住してきた。現在ホニアラには仕事や教育を求め、多くの島から人々が移住しており、出身島の異なる多様な人々によって構成されている。ソロモン諸島の人口の10％以上がホニアラに居住している。

　人々は同じ出身地・同じ言語に基づく社会的ネットワークを利用してホニアラに移住してくる。ソロモン諸島ではこのような血縁的まとまりをワントークと呼び、そのネットワークに入ることで様々な資源へのアクセスが得られる一方、お互いに助け合うことが社会的規範となっている。その規範によりワントークは社会的セーフティネットとしての機能があり、食料や宿泊場所がない人が助けを求めることができるというようなメリットがある。

　ホニアラで行った調査の結果、人々がホニアラに居住しているワントークを頼り移住することによって新たなコミュニティに適応し、かつ人々との信頼関係が強く保たれることがわかった。また、コミュニティ内での信頼関係や帰属意識などの認知的ソーシャルキャピタルが高いことが健康に良い影響（体重・血圧・血糖値の減少）

を与えることが明らかになった。

　今後政府が適応策としての移住対策を行う際、その移住先に頼れる人がいることが重要になる。もしも単身世帯で移住した場合、コミュニティ内の交流、野菜の植え付けや、建物のメンテナンスや村の掃除などの共同活動、資源の共有などのコミュニティ間での活動を減少させる可能性がある。結果的に、コミュニティ内での信頼関係の構築を難しくさせソーシャルキャピタルが低下し、健康に影響がある可能性が考えられる。

終章　地域からみた将来シナリオ

古澤拓郎

　このブックレットは、気候変動によりオセアニアの島が水没危機にあるという話と、それに対する懐疑的な視点があることの紹介から始まった。

　続いて IPCC 報告書を元に世界的な研究成果をまとめ、世界の気候変動は刻々と進展しており、オセアニアは特に脆弱な立場にあり、すでに何らかの適応策が必要となっている地域があることを説明した。さらにオセアニアにおいてすでに取られてきた適応策をまとめ、類型化してみたところ、物理的な対策によるものだけでも数多くのものが実施されていることがわかった。

　それから事例集として、気候変動や適応策がどのような影響をもたらしてきたか、今後どのような影響をもたらしうるかを紹介した。IPCC 報告書や適応策の実例にあったように、海面上昇など気候変動の影響を受けた事例が多くあったが、気候変動以外による要因が地域社会に危機をもたらしている事例もあった。事例に上がっていない地域は、情報が無い場合だけでなく、かならずしも影響がみられていない場合もあり、影響は地域により異なる。

　実際に影響を受けている地域では、出来事は複雑かつ多様であった。水没危機にさらされたツバルについて包括的な研究を行った茅根創は、気候変動だけでなく経済のグローバル化が連鎖的な影響をもたらしたとした［茅根 2016］。茅根によれば、気候変動は地球温暖化とそれに伴う海面上昇、海洋酸性化を引き起こし、それらは異常気象や生態系劣化と災害リスクの高まりと連鎖した。経済のグローバル化は、都市への人口集中や脆弱な財政を通じ、不適切な土地利用や、伝統的統治システムとの相克を引き起こし、生態系劣化や農業生産劣化や災害リスクなどに連鎖していくが、これらの帰結は気候変動が連鎖的に引き起こすことと関係している。

　このように複雑な連鎖の中で、適応策が将来どのような影響を地域にもたらすか、そして地域にとって理想の適応策が何かを示すことは容易でない。しかし、本ブックレットを通じて見えてきたことからいくつか地域レベルでのシナリオを出したい。

地域レベルの適応策シナリオ

　まず、地域社会が外部の力に頼らず適応しようとすると、どういうシナリオが考えられるのか。

　ナラヤンらは、パプアニューギニア、ソロモン諸島、サモア、フィリピンの研究から、人々は移住よりも、海岸線の全面的ないし一部の保護という適応アクションをより好むことを見出した［Narayan et al. 2020］。つまり、ドルストの三分類でいえば、順応か保護の戦略が選ばれやすいと考えられる。

　これまでの適応例でいえば、石を積むことはオセアニアで伝統的に行われてきたことで、住民の力でできる。ただしこれは一時的に波打ち際を補強し、生活空間を維持するのに役立つが、中長期的には十分な効果をもたらすことはないことに注意が必要である。

　そうすると地域でできることとしては、数十ｍから数百ｍほど内陸に退却しつつ、波打ち際にはマングローブなどの植林を施すことがある。この方策は、植林による生態系が沿岸洪水を防ぐだけではなく、生物多様性や、食料源というコベネフィットをもたらす。さらに津波によりマングローブが破壊されることがあっても、再生しやすいというレジリエンスも兼ね備えている。ただしマングローブが拡大しすぎると、生活域に侵入してしまったり、それまで採集の場、船着き場、地域の航路として使われていた海域が閉じられてしまったりするため、適切な管理が欠かせない。

　このように、適応策の理想的な結果を、実際の事例を比べてみていくと、地域でできる生態学的適応策や工学的適応策は、その地域に留まり順応する戦略にみえながら、実際には住民がそれまでの生活の一部をあきらめるという意味で、結局は住民の望まない退却戦略となっている。

　そして、このような戦略は、内陸移住の土地がある、あるいは別の生業手段がある場合に限られる。生業手段を変える場合に、たとえば農耕をあきらめて漁撈をする場合には、人々が海産資源への権利があることや、資源が十分にあることがかかわってくる。内陸の土地確保にせよ、新たな生業にせよ、地域社会だけで行う場合は、土地・資源を管理してきた地域のガバナンスや、地域での新たな合意形成が必要になるのである。

　逆に、土地や資源の限られる都市部では、物理的な土地・資源の不足だけでなく、複雑な権利関係の調整も難しく、こういった戦略が取られうる例は限られるであろう。

　こうしたことから、地域だけで適応するために必要な条件は地域の土地や資源があり、地域の合意形成とガバナンスが効力を発揮し、さらに十分な効果を持つ植林種があることである。実際にはこれほど好条件がそろうことは稀であろう。

グローバル技術の適応策を導入したシナリオ

　それでは地域だけでなく外部の力を借りて、現代的な堤防を作るようなグローバル技術の導入はどうなるであろうか。

　巨大な防潮堤などインフラの導入は、防災としては高い効果をもたらすが、地域社会には副作用をもたらすことと、維持管理に大きなコストがかかることが問題になる。

　その一方、水不足に対して、現代技術による水源提供は、一時的なものであれ、長期的なものであれ、人々に受け入れられ、効果をもたらしてきた事例が多かった。これは水が生存に必須なものであるにも関わらず、水源が乏しい環礁島においては伝統的な技術でできることには限りがあったところ、グローバル技術が高い効果を持つためである。飲料水だけでなく、干ばつ時の農業用水源としても用いられる。技術の不適切な利用事例も見られるが、全体としては、副作用の少ない適応策である。

　同様に生存に必須である食料に関する技術は、移住先での生業と栄養確保に効果をもつ。しかし、農漁業技術は、それが地域に根付くとは限らない。また、外部から導入した作物が、その地域で持続的な生産を挙げられるか、地域の生態系にとって侵略的なものにならないか、といったことに注意が必要である。この場合、あくまで伝統的な生業のための土地面積を確保するなど最低限のリスク回避戦略をとったうえで、新技術が失敗しても生計維持が可能な範囲内で導入するというリスク選好戦略を組み合わせることが、地域社会にとって必要になる［古澤 2021］。

　グローバル技術の導入は、生活空間の大きな変化、生活・生業の転換、そして大きなコストが起こるため、人々がそのことを理解したうえで、それらを受け入れられることが必要な条件になる。グローバルな技術が伝統的な暮らしや文化を壊してきたことも忘れてはならない。それでも飲料水の例のように、受け入れられやすくて比較的コストの低いグローバル技術を取り入れつつ、海岸防御は地域の生態学的な適応策を取り入れるなど、様々な適応策の組み合わせの一つに加えるならば、有力な選択肢になる。

移住の適応策シナリオ

　移住はオセアニアで歴史的にも行われ、人々が環境災害に対する回復力を高めるための手段であった。歴史的な移住は、人々が何らかの資源を求めて自分たちのコミュニティを離れていくことを特徴としている。これらの移住は、被災したコミュニティの資源に対する負担を軽減し、他のコミュニティとの絆を形成し維持することになってきた。このような関係は、各コミュニティが苦難の時に支援を得ることができるセーフティネットを形成した。また災害を契機にした、全島民移住においても、適切な技術的支援が得られた場合に、地域社会にとって良い影響をもたらした場合もあった。

　しかし、近現代の移住には象徴的な失敗も多くあった。特に強制的な移住は、多くの場合は移住先の環境が恵まれていなかったし、そうでなくても、深刻な対立を招くこともあった。

　移住は、地域社会がそれまでの歴史や文化を喪失することに他ならない。やむを得ず移住をする場合は、移住先での人権や生計と生存が確保されることは最低限であり、それに加えて、文化的な愛着を継続できることが不可欠になっている。人々が元居た地域とのつながりを続けられることや、元の土地の環境が破壊されずに歴史が続くことである。

　なお序章で書いたソロモン諸島タロ島の全島民移転計画は、予算難により計画は大きく遅れ、さらにコロナ禍もあり、2023年時点でまだ実現していない。

　そして果たして移住は適応といえるのであろうか。全島民移住のようなものは、他に選択肢がない場合に政治判断として行われるしかないであろう。

適応策とコベネフィット

　気候変動への適応策が検討されるにあたっては、その「副作用」が気にされてきた。これは良い方向での副作用も含む。仮に当初想定されたような気候変動の悪影響がみられなかったとしても、その対策をしたことが住民のいのちと暮らしを守るために役に立つという副作用である。このような副作用は、もしその適応策が実際に気候変動の悪影響に効果を発揮したのであれば、コベネフィットとなる。

　マングローブの植林は、海面上昇や津波対策の一つであるが、マングローブの樹木自体は燃料・建材・食料として価値のあるものであるし、マングローブに形成される生態系は魚類の産卵場所やカニ類の生息場所として生態系サービ

スの源になる。荒廃した海岸へのマングローブ植林は防災と生態系サービスのコベネフィットが期待される。

　また安全な飲料水源を提供することは、気候変動の影響あるなしに関わらずどこの社会にとっても貴重なことである。飲料水源の確保は、気候変動による降水パターンの変化、地下水資源の変化にたいしても適応となる。つまり、いまの生存上の課題解決が、気候変動対策としてのコベネフィットになる。

　気候変動による影響がまだ顕在化していない地域を含め、土地と資源の限られたオセアニアで適応策を取るためには、良い副作用やコベネフィットを示せることが、一つの条件になっていくであろう。

地域の人々はどう考えているのか

　本ブックレットは、気候変動が進んでいく中で、オセアニア地域社会がどうしていくのか、という視点ではじまった。前半はいわば科学による知識（いわゆる科学知）であり、後半は地域社会の行動と経験に焦点があてられた。

　紙幅の都合で取り上げられなかったのは、地域社会がどう理解しているのか、という視点である。ソロモン諸島マライタの人工島に形成された社会を研究してきた里見は、地域の人々が海面上昇を「岩が死ぬ」と認識している象徴的な事例を取り上げ、人々の中には科学知としての地球温暖化とは異なる理解もあったことを指摘しつつ、そもそも科学知にも新しい発見がある中で、科学知自身も揺らいでいることを論じた［里見2022］。気候変動と適応策を科学的に研究することの限界と、それを地域の人々と共有することの限界、またこの問題に国際社会がどうかかわるべきかという問題がある。

　事例でとりあげたように、国際社会が移住を不可避であると考えていても、地域社会はそうとは考えていない例がいくつもあった。科学知として将来の災害が予測されたとき、それを地域と世界がどう役立てるのか、あるいは一方的な価値観で「役立て」ようとするべきできないのかは、今後別途考えなければならない課題である。

おわりに

　私が2001年にソロモン諸島研究をはじめたとき、研究の枠組みは、人々の健康を、取り巻く生態環境とのかかわりの中で明らかにすることであった。同国は医療サービスが極めて限られており、村では基本的な医薬品へのアクセスもほとんどなく、町でも医師の診察を受けられることはごく稀であった。州内に

医師が一人いるかいないか、という国である。逆に人々は、病いを抱えていて
も現代医学に頼ることはせず、安静にするだけであったり、地域で手に入る食
べ物や民間療法に頼ったりする。そもそも人々は、日々生きていくための食料
を、農耕や漁撈と採集に依存しており、生態系をうまく利用していかなければ、
健康はおろか生存にもかかわる。医学系の大学院にいながら、生態学の調査ば
かりしていた。

　人間と生態系のかかわりを調べていくと、それは単に生態系を構成する生物
的なシステムの中に人間がいるということだけでなく、人々が受け継いできた
伝統的な技術と知識、暮らしの中で手に入れた経験、土地を管理して利用する
社会的制度といった、文化や社会が重要な役割を果たすこともわかってきた。
このように人間—生態系を構成する多様で複雑な要素は、その地域との繋がり
の中でのみ健康に資する役割を果たす。

　そのため、「はじめに」に書いたソロモン諸島タロ島の全島民移住計画を知っ
たときには、移住による悪い影響について、いくつもの可能性が頭に浮かんだ。
そこで、オセアニア各地での気候変動の影響とそれへの適応策を調べれば、よ
りよい方策が見つかるのではないかと考えた。それが、本ブックレットにいた
ることとなった。

　まず私が考えたのは、ソロモン諸島の暮らしが地域の中で成り立っているこ
とからすれば、生態系ベース適応策や在来技術による適応策を、コミュニティ
主体で実施することが、カギとなるということである。ところが、事例を集め
れば集めるほど、それほど単純ではないということが明らかになった。それぞ
れの技術の限界については本文に書いた通りである。しかし、何も手を打たず
にいても、気候変動が止まってくれるわけではない。

　一方、事例を通じて浮かび上がってきたのは、人間は生存さえしていれば良
いのではなく、幸福に生きていく権利がある、という当たり前のことが、しば
しば忘れられていることである。この幸福をどう捉えれば良いのであろうか。
国際的な議論の中では、人間の健康とウェルビーイングとしてまとめられてい
る。WHO は、「健康とは、肉体的、精神的及び社会的に完全にウェルビーイン
グ（良好な状態）であり、単に疾病又は病弱の存在しないことではない」として
いる（第1章脚注 8）。ところが、多くの人が何らかの問題や悩みを抱えて生き
ているこの世に、肉体、精神、社会のいずれもが、完全に、良好な状態にある人
というのは、どれくらいいるであろうか。たとえ今一時的に健康な人であって
も、身体や心の病いを患ったり、社会的な立場を無くしたりする日は時々訪れる。

　むしろ、私達はみな WHO 定義の健康のような一時的な完全性を求めるよりも、長期的に肉体、精神、社会、その他の個々のウェルビーイングを考えて、時にどれかを優先しながら、将来を決めていく時代にいる。オセアニアの地域の人々は、気候変動の中で何を失い、何を守り、何を得るのか、どのウェルビーイングを優先するのかを考えていかなければならない。国際社会、あるいは日本に暮らす私たちは、島が沈みそうなら移住すれば良いというような、簡単なアイデアに納得するのではなく、地域の人々とともに悩んでいくことからはじめるべきではないか。本ブックレットが、それに少しでも役立つことを願う。

　［付記］　本ブックレットは、科学研究費補助金基盤研究（A）「オセアニアの海面上昇と適応策が地域にもたらす影響解明と社会への将来シナリオの提示」（20H00045、代表：古澤拓郎）の成果として出版された。大学共同利用機関法人人間文化研究機構（NIHU）による「グローバル地域研究プロジェクト」の一つ、「海域アジア・オセアニア研究プロジェクト（Maritime Asian and Pacific Studies：MAPS）」の一部として行われた研究成果も含まれる。編者・著者一同はこれまで、オセアニアの国々で、地元住民や政府関係者の方々に多大なる助けを賜った。佐野文哉氏に編集補助をしていただいた。片岡修氏と国立民族学博物館には貴重な写真をご提供いただいた。石井雅氏と風響社の方々には、丁寧な編集作業と有益な助言の数々を頂いた。ここに深甚なる謝意を表す。

引用文献

Adger, W. N., N. W. Arnell and E. L. Tompkins

 2005 "Successful adaptation to climate change across scales." *Global Environmental Change* 15（2）: 77-86.

Albert, S., R. Bronen, N. Tooler, J. Leon, D. Yee, J. Ash, D. Boseto and A. Grinham

 2018 "Heading for the hills: Climate-driven community relocations in the Solomon Islands and Alaska provide insight for a 1.5 °C future." *Regional Environmental Change* 18: 2261-2272.

Ara Begum, R., R. Lempert, E. Ali, T.A. Benjaminsen, T. Bernauer, W. Cramer, X. Cui, K. Mach, G. Nagy, N.C. Stenseth, R. Sukumar and P.Wester

 2021 Point of Departure and Key Concepts. *Climate Change 2022: Impacts, Adaptation and Vulnerability. Contribution of Working Group II to the Sixth Assessment Report of the Intergovernmental Panel on Climate Change.* H.-O. Pörtner, D.C. Roberts, M. Tignor et al. Cambridge, UK and New York, NY, USA, Cambridge University Press,: 121–196.

Asugeni, R., M. Redman-MacLaren, J. Asugeni, T. Esau, F. Timothy, P. Massey and D. MacLaren

 2019 A community builds a "bridge": an example of community-led adaptation to sea-level rise in East Kwaio, Solomon Islands. *Climate and Development* 11: 91-96.

Aswani, S., S. Albert, A. Sabetian and T. Furusawa

 2007 "Customary management as precautionary and adaptive principles for protecting coral reefs in Oceania." *Coral Reefs* 26（4）: 1009-1021.

Aswani, S. and T. Furusawa

 2007 "Do marine protected areas affect human nutrition and health? A comparison between villages in Roviana, Solomon Islands." *Coastal Management* 35（5）: 545-565.

Balick, M. J., R. A. Lee, J. M. D. Gezelle, R. Wolkow, G. Cohen, F. Sohl, B. Raynor and C. Trauernicht

 2019 "Traditional lifestyles, transition, and implications for healthy aging: An example from the remote island of Pohnpei, Micronesia." *PLOS ONE* 14（3）: e0213567.

Bayliss-Smith, T.

 1974 "Constraints on population growth: The case of the Polynesian outlier atolls in the precontact period." *Human Ecology* 2（4）: 259-295.

BBC.

 2014 Deadly flash floods hit Solomon Islands' capital Honiara. 4 April 2014.

Bell, J. D., M. Kronen, A. Vunisea, W. J. Nash, G. Keeble, A. Demmke, S. Pontifex and S. André-fouët

    2009   "Planning the use of fish for food security in the Pacific." *Marine Policy* 33 (1): 64-76.

Bell, J. D., M. K. Sharp, E. Havice, M. Batty, K. E. Charlton, J. Russell, W. Adams, K. Azmi, A. Romeo and C. C. Wabnitz

    2019   "Realising the food security benefits of canned fish for Pacific Island countries." *Marine Policy* 100: 183-191.

Bordner, A. S., C. E. Ferguson and L. Ortolano

    2020   "Colonial dynamics limit climate adaptation in Oceania: Perspectives from the Marshall Islands." *Global Environmental Change* 61: 102054.

Buggy, L. and K. E. McNamara

    2016   "The need to reinterpret "community" for climate change adaptation: A case study of Pele Island, Vanuatu." *Climate and Development* 8 (3): 270-280.

Butcher, H., S. Burkhart, N. Paul, U. Tiitii, K. Tamuera, T. Eria and L. Swanepoel

    2020   "Role of seaweed in diets of samoa and Kiribati: Exploring key motivators for consumption." *Sustainability* 12 (18): 7356.

Campbell, J. and O. Warrick

    2014   Climate Change and Migration Issues in the Pacific. Fiji, United Nations Economic and Social Comission for Asia and the Pacific, Pacific Office.

Central Intelligence Agency

    2022   The World Factbook: Net Migration Rate. U. S. Government. CIA.

Connell, J.

    2012   "Population resettlement in the Pacific: lessons from a hazardous history?" *Australian Geographer* 43 (2): 127-142.

    2016   "Last days in the Carteret Islands? Climate change, livelihoods and migration on coral atolls." *Asia Pacific Viewpoint* 57 (1): 3-15.

Crichton, R. and M. Esteban

    2018   Limits to coastal adaptation in Samoa: Insights and experiences. *Limits to Climate Change Adaptation. Climate Change Management.* Leal Filho and N. W., J., Springer, Cham: 283-300.

Dodman, D. and D. Mitlin

    2013   "Challenges for community-based adaptation: discovering the potential for transformation." *Journal of International Development* 25 (5): 640-659.

Donner, S. D. and S. Webber

    2014   "Obstacles to climate change adaptation decisions: a case study of sea-level rise and coastal protection measures in Kiribati." *Sustainability Science* 9 (3): 331-345.

Dorst, K.

    2011   Coastal Protection Guidelines: A guide to come with erosion in the broader perspective of integrated coastal zone management. Climate of Coastal Cooperation Part II:

Coastal Cooperation in Asia. R. Misdorp. Leiden, The Netherlands, Coastal & Marine Union: 86-87.

Farbotko, C.

2005 "Tuvalu and climate change: Constructions of environmental displacement in the Sydney Morning Herald." *Geografiska Annaler: Series B, Human Geography* 87 (4): 279-293.

Freshwater, A. and D. Talagi

2018 Desalination in Pacific Island Countries: A Preliminary Overview: SOPAC Technical Report 437. Suva, South Pacific Applied Geosciences Commission (SOPAC).

Fritze, J. G., G. A. Blashki, S. Burke and J. Wiseman

2008 "Hope, despair and transformation: Climate change and the promotion of mental health and wellbeing." *International Journal of Mental Health System*s 2 (1): 1-10.

Furusawa, T., H. Furusawa, R. Eddie, M. Tuni, F. Pitakaka and S. Aswani

2011 "Communicable and non-communicable diseases in the Solomon Islands villages during recovery from a massive earthquake in April 2007." *New Zealand Medical Journal* 124: 17-28.

Furusawa, T., N. Maki and S. Suzuki

2008 "Bacterial contamination of drinking water and nutritional quality of diet in the areas of the western Solomon Islands devastated by the April 2, 2007 earthquake/ tsunami." *Tropical Medicine and Health* 36 (2): 65-74.

Furusawa, T., I. Naka, T. Yamauchi, K. Natsuhara, R. Kimura, M. Nakazawa, T. Ishida, T. Inaoka, Y. Matsumura, Y. Ataka, N. Nishida, N. Tsuchiya, R. Ohtsuka and J. Ohashi

2010 "The Q223R polymorphism in LEPR is associated with obesity in Pacific Islanders." *Human Genetics* 127 (3): 287-294.

Furusawa, T., F. Pitakaka, S. Gabriel, A. Sai, T. Tsukahara and T. Ishida

2021 "Health and well-being in small island communities: a cross-sectional study in the Solomon Islands." *BMJ Open* 11 (11): e055106.

Grantham, H.S., E. McLeod, A. Brooks, S.D. Jupiter, J. Hardcastle, A.J. Richardson, E.S. Poloczanska, T. Hills, N. Mieszkowska, C.J. Klein, J.E.M. Watson

2011 Ecosystembased adaptation in marine ecosystems of tropical Oceania in response to climate change. *Pacific Conservation Biology* 17: 241-258.

Haines, A., R. S. Kovats, D. Campbell-Lendrum and C. Corvalán

2006 "Climate change and human health: Impacts, vulnerability and public health." *Public Health* 120 (7): 585-596.

Haines, P., S. McGuire, K. Rolley, C. Nielsen, J. Jorissen and L. Leger

2014 Integrated Climate Change Risk and Adaptation Assessment to Inform Settlement Planning in Choiseul Bay, Solomon Islands: Final Report. Brisbane, BMT WBM: 420.

Heltberg, R., H. Gitay and R. G. Prabhu

2012 "Community-based adaptation: Lessons from a grant competition." *Climate Policy* 12 (2): 143-163.

Holding, S., D. Allen, S. Foster, A. Hsieh, I. Larocque, J. Klassen and S. Van Pelt

2016 "Groundwater vulnerability on small islands." *Nature Climate Change* 6 (12): 1100-1103.

IPCC

2014 Summary for policymakers. *Climate Change 2014: Impacts, Adaptation, and Vulnerability. Part A: Global and Sectoral Aspects. Contribution of Working Group II to the Fifth Assessment Report of the Intergovernmental Panel on Climate Change.* C. B. Field, V.R. Barros,, K. J. M. D.J. Dokken, M.D. Mastrandrea, T.E. Bilir, M. Chatterjee, K.L. Ebi, Y.O. Estrada, R.C. Genova, B. Girma, E.S. Kissel, A.N. Levy, S. and P. R. M. MacCracken, and L.L. White. Cambridge, United Kingdom and New York, NY, USA, Cambridge University Press: 1-32.

2021 Annex VII: Glossary. *Climate Change 2021: The Physical Science Basis. Contribution of Working Group I to the Sixth Assessment Report of the Intergovernmental Panel on Climate Change.* J. B. R. Matthews, V. Möller, R. van Diemen, J.S. Fuglestvedt, V. Masson-Delmotte, C. Méndez, S. Semenov, A. Reisinger. Cambridge, United Kingdom and New York, NY, USA, Cambridge University Press: 2215–2256.

2021 Summary for Policymakers. *Climate Change 2021: The Physical Science Basis. Contribution of Working Group I to the Sixth Assessment Report of the Intergovernmental Panel on Climate Change.* V. Masson-Delmotte, P. Zhai, A. Pirani, S.L. Connors, C. Péan, S. Berger, N. Caud, Y. Chen, L. Goldfarb, M. I. Gomis, M. Huang, K. Leitzell, E. Lonnoy, J.B.R. Matthews, T. K. Maycock, T. Waterfield, O. Yelekçi, R. Yu and B. Zhou. Cambridge, United Kingdom and New York, NY, USA, Cambridge University Press: 3-32.

2021 Summary for Policymakers. *Climate Change 2022: Impacts, Adaptation and Vulnerability. Contribution of Working Group II to the Sixth Assessment Report of the Intergovernmental Panel on Climate Change.* D. C. R. H.-O. Pörtner, E.S. Poloczanska, K. Mintenbeck, M. Tignor, and M. C. A. Alegría, S. Langsdorf, S. Löschke, V. Möller, A. Okem. Cambridge, UK and New York, NY, USA, Cambridge University Press: 3–33.

Karnauskas, K. B., J. P. Donnelly and K. J. Anchukaitis

2016 "Future freshwater stress for island populations." *Nature Climate Change* 6 (7): 720-725.

Kench, P. S., M. R. Ford and S. D. Owen

2018 "Patterns of island change and persistence offer alternate adaptation pathways for atoll nations." *Nature Communications* 9 (1): 1-7.

Klöck, C. and P. D. Nunn

2019 "Adaptation to climate change in small island developing states: A systematic literature review of academic research." *The Journal of Environment & Development* 28 (2): 196-

218.

Kurashima, N., L. Fortini and T. Ticktin
  2019 "The potential of indigenous agricultural food production under climate change in Hawai'i." *Nature Sustainability* 2（3）: 191-199.

Larson, E. H.
  1970 "Tikopia plantatioin labour and company management relations 1." *Oceania* 40（3）: 195-209.

Leal Filho, W., M. O. Ha'apio, J. M. Lütz and C. Li
  2020 "Climate change adaptation as a development challenge to small Island states: A case study from the Solomon Islands." *Environmental Science & Policy* 107: 179-187.

Leney, A. and Pacific Reef Savers Ltd.
  2017 Compost Toilets and the Potential for Use in the Pacific Islands. Suva, European Union, Pacific Community.

Lesnikowski, A. C., J. D. Ford, L. Berrang-Ford, M. Barrera and J. Heymann
  2015 "How are we adapting to climate change? A global assessment." *Mitigation and Adaptation Strategies for Global Change* 20（2）: 277-293.

Lister, N. and E. Muk-Pavic
  2015 "Sustainable artificial island concept for the Republic of Kiribati." *Ocean Engineering* 98: 78-87.

MacDonald, M. C., M. Elliott, D. Langidrik, T. Chan, A. Saunders, B. Stewart-Koster, I. J. Taafaki, J. Bartram and W. L. Hadwen
  2020 "Mitigating drought impacts in remote island atolls with traditional water usage behaviors and modern technology." *Science of The Total Environment* 741: 140230.

Martin, P. C., P. Nunn, J. Leon and N. Tindale
  2018 "Responding to multiple climate-linked stressors in a remote island context: The example of Yadua Island, Fiji." *Climate Risk Management* 21: 7-15.

Mason, D., A. Iida, S. Watanabe, L. P. Jackson and M. Yokohari
  2020 "How urbanization enhanced exposure to climate risks in the Pacific: A case study in the Republic of Palau." *Environmental Research Letters* 15（11）: 114007.

Maude, H. E.
  1952 "The colonization of the Phoenix Islands." *The Journal of the Polynesian Society* 61 (1/2): 62-89.

McAdam, J.
  2013 "Caught between homelands." Inside Story https://insidestory.org.au/caught-between-homelands/.

McClain, S., C. Bruch, E. Daly, J. May, Y. Hamada, M. Maekawa, N. Shiiba, M. Nakayama and G. Tsiokanou
  2022 "Migration with dignity: A legal and policy framework." *Journal of Disaster Research* 17: 292-300.

McIver, L., R. Kim, A. Woodward, S. Hales, J. Spickett, D. Katscherian, M. Hashizume, Y. Honda, H. Kim, S. Iddings, J. Naicker, H. Bambrick, A. J. McMichael and K. L. Ebi

    2016   "Health impacts of climate change in Pacific Island countries: A regional assessment of vulnerabilities and adaptation priorities." *Environ Health Perspect* 124 (11): 1707-1714.

McMichael, C. and T. Powell

    2021   "Planned relocation and health: A case study from Fiji." *International Journal of Environmental Research and Public Health* 18 (8): 4355.

McNamara, K. E., R. Clissold, R. Westoby, A. E. Piggott-McKellar, R. Kumar, T. Clarke, F. Namoumou, F. Areki, E. Joseph, O. Warrick and P. D. Nunn

    2020   "An assessment of community-based adaptation initiatives in the Pacific Islands." *Nature Climate Change* 10 (7): 628-639.

Millennium Ecosystem Assessment Panel

    2005   *Ecosystems and human well-being: Synthesis.* Washington DC, Island Press.

Mimura, N.

    1999   Vulnerability of island countries in the South Pacific to sea level rise and climate change. *Climate Research* 12: 137-143.

Ministry of Economy Republic of Fiji

    2018   Planned Relocation Guidelines: A Framework to Undertake Climate Change Related Relocation, Ministry of Economy, Republic of Fiji.

Monnereau, I. and S. Abraham

    2013   "Limits to autonomous adaptation in response to coastal erosion in Kosrae, Micronesia." *International Journal of Global Warming* 5 (4): 416-432.

Monson, R. and J. D. Foukona

    2014   Climate-related displacement and options for resettlement in Solomon Islands. *Land Solutions for Climate Displacement.* Rebecca Monson and J. D. Foukona. London, Routledge: 311-336.

Mycoo, M., M. Wairiu, D. Campbell, V. Duvat, Y. Golbuu, S. Maharaj, J. Nalau, P. Nunn, J. Pinnegar, and O. Warrick

    2022   Small Islands. *Climate Change 2022: Impacts, Adaptation and Vulnerability. Contribution of Working Group II to the Sixth Assessment Report of the Intergovernmental Panel on Climate Change.* D. C. R. H.-O. Pörtner, M. Tignor, and K. M. E.S. Poloczanska, A. Alegría, M. Craig, S. Langsdorf, S. Löschke, V. Möller, A. Okem, B. Rama. Cambridge, UK and New York, NY, USA, Cambridge University Press: 2043–2121.

Nakamura, S., A. Iida, J. Nakatani, T. Shimizu, Y. Ono, S. Watanabe, K. Noda and C. Kitalong

    2021   "Global land use of diets in a small island community: a case study of Palau in the Pacific." *Environmental Research Letters* 16 (6): 065016.

Narayan, S., M. Esteban, S. Albert, M. L. Jamero, R. Crichton, N. Heck, G. Goby and S. Jupiter

    2020   "Local adaptation responses to coastal hazards in small island communities: Insights from 4 Pacific nations." *Environmental Science & Policy* 104: 199-207.

NCD Risk Factor Collaboration
2019 "Rising rural body-mass index is the main driver of the global obesity epidemic in adults." *Nature* 569（7755）: 260-264.

Nunn, P. D.
2009 "Responding to the challenges of climate change in the Pacific Islands: management and technological imperatives." *Climate Research* 40（2-3）: 211-231.

Nunn, P. D. and J. R. Campbell
2020 "Rediscovering the past to negotiate the future: how knowledge about settlement history on high tropical Pacific Islands might facilitate future relocations." *Environmental Development* 35: 100546.

Nunn, P. D., J. Runman, M. Falanruw and R. Kumar
2017 "Culturally grounded responses to coastal change on islands in the Federated States of Micronesia, northwest Pacific Ocean." *Regional Environmental Change* 17: 959-971.

O'Neill, B., M. van Aalst, Z. Zaiton Ibrahim, L. Berrang Ford, S. Bhadwal, H. Buhaug, D. Diaz, K. Frieler, M. Garschagen, A. Magnan, G. Midgley, A. Mirzabaev, A. Thomas, and R. Warren
2022 Key Risks Across Sectors and Regions. *Climate Change 2022: Impacts, Adaptation and Vulnerability. Contribution of Working Group II to the Sixth Assessment Report of the Intergovernmental Panel on Climate Change* D. C. R. H.-O. Pörtner, M. Tignor, E.S. Poloczanska, K. Mintenbeck, and M. C. A. Alegría, S. Langsdorf, S. Löschke, V. Möller, A. Okem, B. Rama. Cambridge, UK and New York, NY, USA, Cambridge University Press: 2411–2538.

Otoara Ha'apio, M., M. Wairiu, R. Gonzalez and K. Morrison
2018 "Transformation of rural communities: lessons from a local self-initiative for building resilience in the Solomon Islands." *Local Environment* 23（3）: 352-365.

Pacific-American Climate Fund
2016 PACAM Newsletter April-June 2016. USAID.
2017 PACAM Newsletter April-June 2017. USAID.
2018 PACAM Newsletter April-June 2018. USAID.
2019 PACAM Newsletter May 2019 Final Issue. USAID.

Paeniu L, Iese V, Jacot Des Combes H, De Ramon N'Yeurt A, Korovulavula I, Koroi A, Sharma P, Hobgood N, Chung K and D. A.
2015 Coastal Protection: Best Practices from the Pacific. Pacific Centre for Environment and Sustainable Development (PaCE-SD). Suva, Fiji, The University of the South Pacific.

Piggott-McKellar, A. E., K. E. McNamara, P. D. Nunn and S. T. Sekinini
2019 "Moving people in a changing climate: lessons from two case studies in Fiji." *Social Sciences* 8（5）: 133.

Rasmussen, K., W. May, T. Birk, M. Mataki, O. Mertz and D. Yee

2009 "Climate change on three Polynesian outliers in the Solomon Islands: Impacts, vulnerability and adaptation." *Geografisk Tidsskrift-Danish Journal of Geography* 109 (1): 1-13.

Remling, E. and J. Veitayaki

2016 "Community-based action in Fiji's Gau Island: A model for the Pacific?" *International Journal of Climate Change Strategies and Management* 8 (3): 375-398.

Republic of Palau

2016 Drought Report. Koror, Republic of Palau.

2018 Project design document: Securing water resources ahead of drought in Palau. Koror, Republic of Palau.

Resiere, D., R. Valentino, R. Nevière, R. Banydeen, P. Gueye, J. Florentin, A. Cabié, T. Lebrun, B. Mégarbane and G. Guerrier

2018 "Sargassum seaweed on Caribbean islands: An international public health concern." *Lancet* 392 (10165): 2691.

Robinson, S.-a.

2017 "Climate change adaptation trends in small island developing states." *Mitigation and Adaptation Strategies for Global Change* 22 (4): 669-691.

Secretariat of the Pacific Regional Environment Programme

2020 Building Resilience to Climate Change and Natural Disasters in Karama and Nearby Communities, Malalau District, Papua New Guinea. Apia, Samoa, Secretariat of the Pacific Regional Environment Programme.

Shand, T. and M. Blacka

2017 Guidance for coastal protection works in Pacific Island countries. *Design Guidance Report:*. Sydney, PRIF Coordination Office.

Tsuchiya, C., T. Furusawa, S. Tagini and M. Nakazawa

2021 "Socioeconomic and behavioral factors associated with obesity across sex and age in Honiara, Solomon Islands." *Hawai'i Journal of Health & Social Welfare* 80 (2)- 24-32.

Tsuchiya, C., F. Pitakaka, J. Daefoni, and T. Furusawa.

2023 "Relationship between individual-level social capital and non-communicable diseases among adults in Honiara, Solomon Islands." *BMJ Nutrition, Prevention & Health* 6: e000622.

Tsuchiya, C., S. Tagini, D. Cafa and M. Nakazawa

2017 "Socio-environmental and behavioral risk factors associated with obesity in the capital (Honiara), the Solomon Islands; case-control study." *Obesity Medicine* 7: 34-42.

Vanuatu National Disaster Management Office

2018 Vanuatu National Policy on Climate Change and Disaster-induced Displacement. Port Villa, Vanuatu.

Walker, B.

2017 "An Island Nation Turns Away from Climate Migration, Despite Rising Seas."

https://insideclimatenews.org/news/20112017/kiribati-climate-change-refugees-migration-pacific-islands-sea-level-rise-coconuts-tourism/.

Yamano, H., H. Kayanne, T. Yamaguchi, Y. Kuwahara, H. Yokoki, H. Shimazaki and M. Chikamori
2007 "Atoll island vulnerability to flooding and inundation revealed by historical reconstruction: Fongafale Islet, Funafuti Atoll, Tuvalu." *Global and Planetary Change* 57（3-4）: 407-416.

Zhongming, Z., L. Linong, Y. Xiaona, Z. Wangqiang and L. Wei
2018 Community-Based Mangrove Planting Handbook for Papua New Guinea. Metro Manila, Asian Development Bank.

風間計博
2022 『強制移住と怒りの民族誌―バナバ人の歴史記憶・政治闘争・エスニシティ』東京 , 明石書店 .

茅根創
2016 "地球温暖化だけでサンゴ礁の国は水没しない ." 研究者発の海の話 https://www.oa.u-tokyo.ac.jp/researcher-story/021.html.

気象庁
"天気予報等で用いる用語：地域に関する用語 ." from https://www.jma.go.jp/jma/kishou/know/yougo_hp/chiiki.html.

黒崎岳大
2009 「国際政治と安全保障：マーシャル諸島の現代政治史とアメリカ合衆国の安全保障政策」. 吉岡政徳（監）遠藤央・印東道子・梅﨑昌裕・中澤港・窪田幸子・風間計博（編）『オセアニア学』京都 , 京都大学学術出版会 .

経済産業省資源エネルギー庁
2022 "あらためて振り返る、「COP26」（前編）〜「COP」ってそもそもどんな会議？ ." 資源エネルギー庁スペシャルコンテンツ https://www.enecho.meti.go.jp/about/special/johoteikyo/cop26_01.html.

国際連合広報センター
2022 "COP27：損失と損害に対する補償に合意して閉幕「正義に向けた一歩」と国連事務総長（UN News 記事・日本語訳）." 国際連合広報センター https://www.unic.or.jp/news_press/features_backgrounders/45935/.

国際連合人道問題調整事務所（OCHA）
2012 "Palau: Typhoon Bopha Situation Report No. 2（as of 5 December 2012）." reliefweb https://reliefweb.int/report/palau/palau-typhoon-bopha-situation-report-no-2-5-december-2012.

国立環境研究所
2017 "気候変動研究で分野横断的に用いられる社会経済シナリオ（SSP; Shared Socioeconomic Pathways）の公表（お知らせ）." https://www.nies.go.jp/whatsnew/20170221/20170221.html.

在パラオ日本国大使館
　　2018　The Project for Construction of Multipurpose Center for Ngiwal State, 在パラオ日本国大使館.

里見龍樹
　　2022　『不穏な熱帯：人間〈以前〉と〈以後〉の人類学』東京, 河出書房新社.

篠原拓也
　　2022　"シナリオから見た気候変動問題－気候変動のシナリオ数は増加を続けている."ニッセイ基礎研究所 https://www.nli-research.co.jp/report/detail/id=71940?pno=3&site=nli.

水産庁
　　2022　"サンゴ礁の働きと現状."水産庁 https://www.jfa.maff.go.jp/j/kikaku/tamenteki/kaisetu/moba/sango_genjou/

鈴木進吾・牧紀男・古澤拓郎・林春男・河田恵昭
　　2007　「2007年4月ソロモン諸島地震・津波災害とその対応の社会的側面」『自然災害科学』26（2）：203-214.

高木邦子
　　2022　"どう超える「適応の限界」：IPCC報告書が明らかにした気候リスク."日経BP https://project.nikkeibp.co.jp/ESG/atcl/column/00003/041400035/.

土谷ちひろ
　　2022　Socioeconomic, Behavioral, and Cultural Factors of Obesity in Urban Solomon Islands. 博士（地域研究）, 京都大学.

日本気象学会地球環境問題委員会.
　　2018　『地球温暖化：そのメカニズムと不確実性』東京, 朝倉書店.

深山直子・石森大知
　　2010　「「沈む」島の現在：ツバル・フナフチ環礁における居住を巡る一考察」『史学』79（3）：57-75.

古澤拓郎
　　2009　「開発と環境保護」吉岡政德（監）遠藤央・印東道子・梅﨑昌裕・中澤港・窪田幸子・風間計博（編）.『オセアニア学』京都, 京都大学学術出版会：149-162.
　　2021　『ウェルビーイングを植える島：ソロモン諸島の「生態系ボーナス」』. 京都, 京都大学学術出版会.

三村信男・横木裕宗
　　1998　「気候変動に対する適応策をめぐる論点」『地球環境シンポジウム講演論文集』6：243-249.

飯田 晶子 （いいだ　あきこ）
1983 年東京生まれ。
東京大学大学院工学系研究科特任講師。
慶應義塾大学環境情報学部卒、東京大学大学院工学系研究科都市工学専攻修了、博士（工学）。
日本学術振興会特別研究員 PD、東京大学大学院工学系研究科助教等を経て、現職。
主な業績に『都市生態系の歴史と未来』（朝倉書店．2020 年．共著）、『島嶼地域の新たな展望：：自然・文化・社会の融合体としての島々』（九州大学出版会．2014 年．分担執筆）。

石森 大知 （いしもり　だいち）
1975 年神戸生まれ。
法政大学国際文化学部准教授。
甲南大学経済学部卒、神戸大学大学院総合人間科学研究科修了、博士（学術）。
日本学術振興会特別研究員 PD、ハワイ大学人類学科客員研究員、武蔵大学社会学部准教授、神戸大学大学院国際文化学研究科准教授等を経て、現職。
主な業績に『生ける神の創造力：ソロモン諸島クリスチャン・フェローシップ教会の民族誌』（世界思想社、2011 年、単著）、『宗教と開発の人類学：グローバル化するポスト世俗主義と開発言説』（春風社、2019 年、共編著）、『ようこそオセアニア世界へ』（昭和堂、2023 年、共編著）。

塚原 高広 （つかはら　たかひろ）
1962 年東京生まれ。
名寄市立大学保健福祉学部栄養学科教授。
東京大学理学部生物学科卒、千葉大学医学部卒、東京大学大学院理学系研究科人類学専攻博士課程単位取得退学、法政大学大学院経済学研究科経済学専攻博士後期課程修了、博士（理学・医学・経済学）。
東京女子医科大学医学部助手、同大学講師、同大学准教授、東京大学大学院理学系研究科生物科学専攻客員共同研究員等を経て、現職。
主な業績に『オセアニアで学ぶ人類学』（昭和堂、2020 年、分担執筆）、『生態人類学は挑む SESSION3 病む・癒す』（京都大学学術出版会、2021 年、分担執筆）。

土谷 ちひろ （つちや　ちひろ）
1986 年北海道出身。
医療創生大学国際看護学部助教。
自治医科大学看護学部看護学科卒、神戸大学大学院保健学研究科国際保健領域修了、京都大学大学院アジア・アフリカ地域研究研究科修了、博士（地域研究）。
自治医科大学附属病院内分泌代謝科看護師、岐阜県立多治見病院救命救急センター看護師、独立行政法人国際協力機構海外協力隊（ソロモン諸島派遣看護師）、自治医科大学看護学部看護学科助教、東京医科大学医学部看護学科助教、京都大学大学院アジア・アフリカ地域研究研究科特任助教を経て、現職。
主な論文に、Socioeconomic and behavioral factors associated with obesity across sex and age in Honiara, Solomon Islands （*Hawai'i Journal of Health & Social Welfare*, 2021 年）、Relationship between individual-level social capital and non-communicable diseases among adults in Honiara, Solomon Islands （*BMJ Nutrition, Prevention & Health,* 2023 年）。

David Mason （デイビット　メイソン）
1993 年アメリカ合衆国バージニア州生まれ。
バージニア工科大学卒、東京大学大学院工学系研究科都市工学専攻修了、修士（工学）。
世界最大の独立系再生可能エネルギー企業である RES に GIS アナリストとして勤務。
主な論文に、How urbanization enhanced exposure to climate risks in the Pacific: A case study in the Republic of Palau （*Environmental Research Letters*, 2020 年）。

編者紹介

古澤 拓郎（ふるさわ　たくろう）

1977 年福岡生まれ。

京都大学大学院アジア・アフリカ地域研究研究科教授。

東京大学医学部健康科学・看護学科卒、同大学大学院医学系研究科国際保健学専攻修了、博士（保健学）。

東京大学サステイナビリティ学連携研究機構特任研究員、同大学国際連携本部特任講師、同大学日本・アジアに関する研究教育ネットワーク特任准教授等を経て、現職。

主な業績に『ホモ・サピエンスの 15 万年：連続体の人類生態史』（ミネルヴァ書房．2019 年）、『ウェルビーイングを植える島：ソロモン諸島の「生態系ボーナス」』（京都大学学術出版会．2021 年）。

オセアニアの気候変動と適応策　地球から地域へ

2024 年 3 月 15 日　印刷
2024 年 3 月 25 日　発行

編　者　古澤拓郎
発行者　石井　雅
発行所　株式会社　風響社

東京都北区田端 4-14-9　（〒 114-0014）
TEL 03（3828）9249　振替 00110-0-553554
印刷　モリモト印刷